ABHANDLUNGEN DER DEUTSCHEN AKADEMIE
DER WISSENSCHAFTEN ZU BERLIN

Klasse für Mathematik, Physik und Technik

Jahrgang 1962 Nr. 2

NORBERT ELSNER / KLAUS KÖHLER

THERMODYNAMISCHE UNTERSUCHUNGEN ZUM DAMPFKRAFTPROZESS MIT HILFE VON KREISPROZESSCHARAKTERISTIKEN

Mitteilungen der Sektion für Maschinenbau

Mit 34 Abbildungen

AKADEMIE-VERLAG · BERLIN
1962

Vorgelegt von Hrn. JANTE in der Klassensitzung vom 28. September 1961

Zum Druck genehmigt am gleichen Tage, ausgegeben am 31. März 1962

Erschienen im Akademie-Verlag GmbH, Berlin W 8, Leipziger Straße 3—4

Lizenznummer: 202 · 100/574/62
Gesamtherstellung: VEB Druckerei „Thomas Müntzer“ Bad Langensalza
Bestellnummer: 2001/62/I/2 · ES 20 H 3 · Preis: DM 7,70

Herrn Prof. Dr.-Ing. habil Walther Pauer
zum 75. Geburtstag gewidmet

INHALTSVERZEICHNIS

Thermodynamische Untersuchungen zum Dampfkraftprozeß mit Hilfe von Kreisprozeßcharakteristiken[1])

1. Einleitung

Die weitaus größte Zahl der technischen Erfindungen kann heute im allgemeinen nicht mehr bis zu ihrem eigentlichen Ursprung verfolgt werden, so daß die wahren Urheber unbekannt sind. Die wesentlichen Entdeckungen bestehen jedoch oft in der folgerichtigen Weiterentwicklung der ersten Versuche und der Durchdringung der theoretischen Zusammenhänge. Die Wärmekraftmaschinen, insbesondere die Dampfmaschine, sind dafür das beste Beispiel.

Die Anfänge der Dampfmaschine sind jedoch untrennbar mit den Namen James Watt und Nicolas-Leonard-Sadi Carnot verbunden. Dabei ist es kein Zufall, daß der Schöpfer der ersten betriebsfähigen Dampfmaschine in England zu finden ist. Durch die ungünstigen Verhältnisse im Bergbau war dort der Ersatz tierischer Muskelkraft durch mechanische Energie zu einer zwingenden Notwendigkeit geworden. Carnot erkannte als erster das Fehlen einer Theorie der Wärmekraftmaschine und bemühte sich ebenfalls als erster um die Erweiterung der physikalischen Gesetze auf „alle Wirkungen ..., welche die Wärme ausübt, wenn sie sich in bestimmter Weise an einem beliebigen Körper betätigt.“ [1, S. 7]. Wie gründlich er sich mit dieser Problematik auseinandersetzt, zeigen die Fragen, um deren Beantwortung er ringt [1, S. 6]. Die Frage nach der naturgegebenen Grenze der möglichen Verbesserungen des Wirkungsgrades einer Wärmekraftmaschine steht dabei im Mittelpunkt. Außerdem untersucht er, ob andere Arbeitsmittel als Wasserdampf, z. B. Luft, für die Umwandlung von Wärme in Arbeit vorteilhafter sind. Mit seinen grundsätzlichen, genialen Überlegungen, die Carnot unabhängig von dem mechanischen Aufbau der Wärmekraftmaschinen und dem verwendeten Arbeitsmittel anstellte, hat er den Grundstein für die Theorie der Kreisprozesse und für die Formulierung des zweiten Hauptsatzes gelegt. Er erkannte als erster, daß unabhängig vom Stoff zur Arbeitsgewinnung aus Wärme mindestens zwei Wärmebehälter unterschiedlicher Temperatur zur Verfügung stehen müssen [1, S. 11], und daß aus einer bereitgestellten Wärmemenge das Maximum an Arbeit nur dann gewonnen werden kann, wenn Temperaturänderungen des Stoffes nur infolge von Volumänderungen (Expansion oder Kompression) aber nicht durch Wärmeaustausch eintreten. Die Wärme darf also nur bei den konstanten Temperaturen der beiden Wärmebehälter mit dem Arbeitsmedium ausgetauscht werden. Der Arbeitsbetrag hängt dabei nicht von der Art des Arbeitsmittels, sondern nur von den Temperaturen der beiden Wärmebehälter und natürlich von der bereitgestellten Wärmemenge ab [1, S. 15 und 23].

Mit anderen Worten: Der von Carnot beschriebene Prozeß [1, S. 12 und 20] nutzt die Wärme am besten zur Umwandlung in Arbeit aus, d. h. er weist den höchstmöglichen thermischen Wirkungsgrad auf.

Für die Entwicklung und den Bau von Wärmekraftmaschinen empfiehlt Carnot folgende Grundsätze zur Beachtung [1, S. 54]. Die Temperatur der Wärmezufuhr muß möglichst hoch gewählt werden, damit man einen guten thermischen Wirkungsgrad erzielt. Aus dem gleichen Grunde muß die Wärmeabfuhr bei möglichst niedriger Temperatur erfolgen.

---

[1]) Erweiterte Fassung eines zum gleichen Thema in der Sitzung der Sektion für Maschinenbau am 10. 2. 60 gehaltenen Vortrages.

Der Kreisprozeß ist nach Möglichkeit so zu wählen, daß die gesamte Temperaturdifferenz durch adiabate Expansion des Arbeitsmittels überbrückt wird.

Die Temperaturgrenzen sind einmal bestimmt durch die Verbrennungstemperatur (zumindest im technischen Normalfall) und zum anderen durch die Temperatur der uns umgebenden Atmosphäre. Wenn auch die dritte Bedingung eine unmittelbare Schlußfolgerung aus den ersten beiden ist, so muß doch darauf etwas näher eingegangen werden; denn sie ist für die technische Verwirklichung eines Kreisprozesses von nicht unerheblicher Bedeutung. Carnot erkannte schon sehr klar [1, S. 55], daß die Überbrückung eines großen Temperaturgefälles durch adiabate Expansion mit einer starken Dichteänderung verbunden ist. Das erfordert eine sehr große Dichte zu Beginn oder eine sehr kleine Dichte am Ende der Expansion, was nur mit enormen Druckverhältnissen zu bewältigen ist. Wählt man einen hohen Anfangsdruck, so benötigt man sehr druckfeste Apparate, und für kleine Enddrücke sind übergroße Expansionsräume erforderlich.

Diese von Carnot stammenden Darlegungen haben bis heute an Geltung und Bedeutung nichts eingebüßt.

Der englische Universitätsmechaniker Watt war der erste, der die adiabate Expansion in seiner 1782 patentierten verbesserten Dampfmaschine zur Anwendung brachte, während viele seiner Zeitgenossen diesen nützlichen Effekt nicht ausnutzten, sondern ihre Maschinen mit vollkommener Füllung betrieben z. B. Perkins, der mit einem für die damalige Zeit ungewöhnlichen Druck von 35 Atmosphären arbeitete. Welche einmalige Leistung hinsichtlich des angewendeten Druckes diese Maschine jedoch darstellte, ersieht man daraus, daß schon die Verwendung der damals gewöhnlich benutzten Kessel mit ihren bescheidenen Drücken als „ganz verwerflich" hingestellt wurden. Obwohl der Dampf in ihnen selten über 4 bis 6 Atmosphären Druck gebracht wurde, platzten sie häufig und gaben zu schweren Unfällen Ursache.

Demzufolge erscheint Carnot die Luft als Arbeitsmittel bei höheren Temperaturen geeigneter als der Wasserdampf, denn „einer der schlimmsten Nachteile des Dampfes ist, daß er nicht bei hohen Temperaturen angewandt werden kann, ohne die Anwendung von Gefäßen ungewöhnlicher Stärke notwendig zu machen [1, S. 61]." Auch hat die Luft den Vorteil, daß sie durch innere Verbrennung erhitzt werden kann. Carnot schlägt sogar schon die Kopplung von Gas- und Dampfmaschinenanlagen vor [1, S. 63]!

Auf diese Zusammenhänge wurde einleitend deshalb etwas ausführlicher eingegangen, weil daraus hervorgeht, welche wesentlichen Schlußfolgerungen heute noch aus den von Carnot erstmals formulierten Gedanken gezogen werden können. Dies betrifft vor allem auch technische Überlegungen. Trotzdem eignet sich der von Carnot zugrundegelegte Kreisprozeß nicht zur technischen Verwirklichung, was man schon daraus ersieht, daß bis heute keine einzige Wärmekraftmaschine nach diesem Prozeß arbeitet. Der Carnot-Prozeß zählt vielmehr als historisch ältester Kreisprozeß zu den wichtigsten Idealprozessen der Thermodynamik, indem er zur Entdeckung des 2. Hauptsatzes führte, d. h. seine Bedeutung liegt auf theoretischem, aber nicht auf technischem Gebiet.

Die Schwierigkeiten seiner technischen Verwirklichung zeigt der Werdegang des Dieselmotors besonders anschaulich. Diesel hatte im Jahre 1890 einen Kolbenmotor erfunden, in dem erstmals die Verbrennung nach einer beliebigen Zustandsänderung ablaufen konnte. Angeregt durch die Carnotschen Darlegungen wählte er den von diesem vorgeschlagenen Kreisprozeß. Dafür waren offenbar zwei Gründe ausschlaggebend: Der maximale thermische Wirkungsgrad des Carnot-Prozesses und die von Carnot beschriebenen Vorzüge der atmosphärischen Luft als Arbeitsmittel. Die von Carnot beschriebenen Vorteile der Luft waren jedoch ganz allgemein auf beliebige Wärmekraftmaschinen bezogen [1, S. 62/63]. Diesel beging aber den Fehler, daß er bei der Wahl des Kreisprozesses lediglich den thermischen Wirkungsgrad im Auge hatte und andere, insbesondere für den Motorenbau wichtige Gesichtspunkte außer Acht ließ. Er merkte zwar, daß zur Überbrückung großer Temperaturdifferenzen durch adiabate Expansion enorme Anfangsdrücke erforderlich waren, ließ sich dadurch aber nicht abschrecken und fand sogar eine Maschinenfabrik, die einen Motor nach seinen Anforderungen baute. Dieser war aber nicht einmal in der Lage, seine Leerlaufleistung zu decken. Erst als Diesel zum isobaren Verbrennungsprozeß überging, stellte sich der Erfolg ein. Es war ihm damit gelungen, die bisher wirtschaftlichste Wärmekraftmaschine zu entwickeln, wenn er sich auch nur mit einem Teil des früher für den Carnot-Prozeß errechneten thermischen Wirkungsgrades begnügen mußte. Daraus ist ersichtlich, daß zur vollständigen thermodynamischen Bewertung von Wärmekraftprozessen die Untersuchung des thermischen Wirkungsgrades allein nicht ausreicht. Neben dem Wirkungsgrad ist auch die von dem Prozeß pro Kilogramm Arbeitsmittel abgegebene mechanische Arbeit von maßgebender Bedeutung, denn ihre Größe bestimmt bei gegebener Leistung die Abmessungen der Maschine. Während aus dem thermischen Wirkungsgrad Rückschlüsse auf die Betriebskosten gezogen werden können, bietet die Kreisprozeßarbeit ein Maß für den zu erwartenden Anschaffungspreis der Anlage.

Es erscheint dabei zweckmäßig, die beiden Bewertungsgrößen eines Kreisprozesses, Wirkungsgrad und Kreisprozeßarbeit, als Funktion des maximal auftretenden Druckes und der höchsten Prozeßtemperatur zu untersuchen, die für die Bemessung des Triebwerkes, der Gefäßwandungen usw. wesentlich sind. Die in vielen Lehrbüchern der Thermodynamik noch oft zu findende Beurteilung von Kreisprozessen allein nach dem Einfluß maximaler Druck- und Temperaturverhältnisse auf den thermischen Wirkungsgrad ist als unvollständig und deshalb unbefriedigend anzusehen.

Schon G. Marx [2] und R. Plank [3] erkannten, daß eine thermodynamisch vollkommene Beurteilung die gleichzeitige Berücksichtigung beider Bewertungsmaßstäbe verlangt. Plank benutzt jedoch die beiden Wertmaßstäbe, thermischen Wirkungsgrad und Mitteldruck, noch nebeneinander als Ordinaten und diskutiert sie getrennt in Abhängigkeit vom Druck- und Temperaturverhältnis. Demgegenüber führt Jante [4] erstmals die beiden Bewertungsgrößen als Koordinaten *eines* Diagrammes, der Kreisprozeßcharakteristik, ein. Maximaler Druck und maximale Temperatur erscheinen bei dieser Darstellung als Parameter.

An Hand der Janteschen Kreisprozeßcharakteristik soll nun im folgenden zunächst der Carnot-Prozeß mit Luft und Wasserdampf als Arbeitsmittel untersucht werden.

2. Carnot-Prozeß

2.1 Der Carnot-Prozeß mit idealem Gas als Arbeitsmittel

Die Abbildungen 1 und 2 zeigen den Carnot-Prozeß für Gas als Arbeitsmittel im p, v- und T,s-Diagramm. Da für das ideale Gas eine einfache Zustandsgleichung existiert, lassen sich die einzelnen Zustandsänderungen des Kreisprozesses rechnerisch bequem verfolgen und die Abhängigkeit des thermischen Wirkungsgrades sowie der Kreisprozeßarbeit von den thermischen Zustandsgrößen p, v, T in analytischer Form angeben. Es ist dabei angebracht, neben dem thermischen Wirkungsgrad auch die Kreisprozeßarbeit dimensionslos einzuführen. Sie wird definiert durch die Beziehung

$$\lambda = \frac{l}{R \cdot T_{\min}} .$$

Als dimensionslose Parameter werden gewählt das maximale Druckverhältnis

$$\pi = \frac{p_{\max}}{p_{\min}}$$

und das maximale Temperaturverhältnis

$$\tau = \frac{T_{\max}}{T_{\min}}.$$

Die Charakteristik eines Kreisprozesses stellt die graphische Darstellung der Abhängigkeit des thermischen Wirkungsgrades von der Kreisprozeßarbeit dar. Mathematisch wird diese Funktion durch den Ausdruck

$$\eta_{\text{th}} = f[\lambda(\pi, \tau), \pi, \tau]$$

abgebildet, der zur bequemeren Darstellung über die beiden Teilfunktionen

$$\eta_{\text{th}} = f_1(\pi, \tau) \qquad \text{und} \qquad \lambda = f_2(\pi, \tau)$$

entwickelt und diskutiert wird.

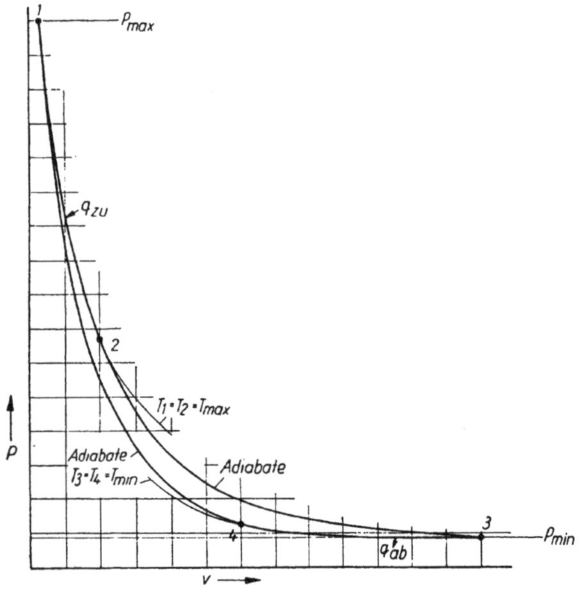

Abb. 1. Carnot-Prozeß im p,v-Diagramm. Arbeitsmittel: Ideales Gas

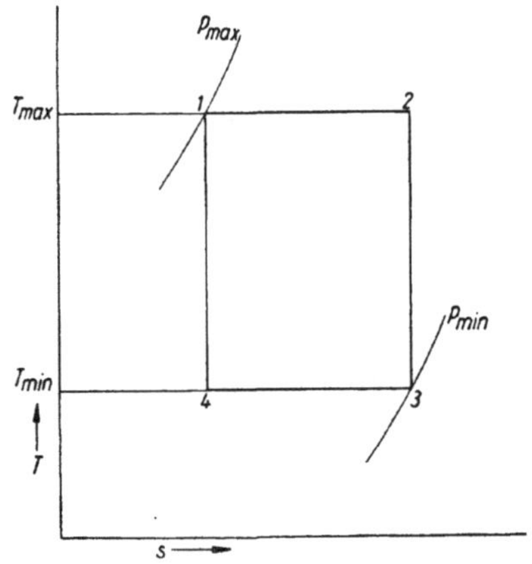

Abb. 2. Carnot-Prozeß im T,s-Diagramm. Arbeitsmittel: Ideales Gas

Für den Carnot-Prozeß gilt (unabhängig vom Arbeitsmittel)

$$\eta_{\text{th}} = 1 - \frac{T_{\min}}{T_{\max}} = 1 - \frac{1}{\tau}.$$

Für die Kreisprozeßarbeit ergibt sich

$$l = q_{\text{zu}} - q_{\text{ab}} = R \cdot T_{\min} \left(\frac{T_{\max}}{T_{\min}} \ln \frac{p_1}{p_2} + \ln \frac{p_3}{p_4} \right).$$

Eliminiert man die darin auftretenden Druckverhältnisse durch die Ausdrücke

$$\frac{p_1}{p_2} = \pi \left(\frac{1}{\tau} \right)^{\frac{\varkappa}{\varkappa - 1}} \qquad \text{und} \qquad \frac{p_3}{p_4} = \frac{1}{\pi} \cdot \tau^{\frac{\varkappa}{\varkappa - 1}},$$

so erhält man für die dimensionslose Kreisprozeßarbeit im vorliegenden Fall schließlich

$$\lambda = (\tau - 1) \left(\ln \pi - \frac{\varkappa}{\varkappa - 1} \ln \tau \right).$$

λ ist also eine kompliziertere Funktion als η_{th}, denn sie enthält neben τ auch π als Variable.

Die angegebene Funktion hat zwei Nullstellen, die physikalische Grenzfälle des CARNOT-Prozesses darstellen (Abbildung 3 und 4). Die Kreisprozeßarbeit wird Null für

$$\tau = 1 \qquad \text{und} \qquad \tau = \pi^{\frac{\varkappa - 1}{\varkappa}},$$

d. h. wenn zwischen den beiden Wärmereservoiren kein Temperaturunterschied vorhanden ist, bzw. wenn das Temperaturverhältnis so groß gewählt wird, daß sich die adiabaten Volumänderungen nicht nur über den gesamten Temperaturbereich, sondern gleichzeitig über den gesamten Druckbereich zwischen p_{max} und p_{min} erstrecken.

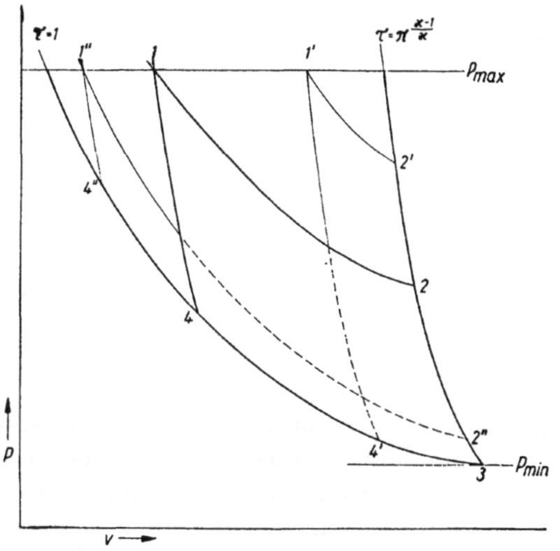

Abb. 3. Grenzfälle des CARNOT-Prozesses im p,v-Diagramm. Arbeitsmittel: Ideales Gas

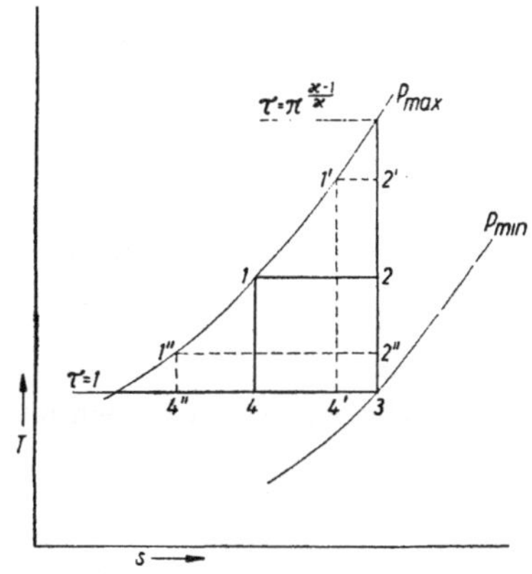

Abb. 4. Grenzfälle des CARNOT-Prozesses im T,s-Diagramm. Arbeitsmittel: Ideales Gas

Daraus kann man eine wesentliche Schlußfolgerung ziehen, die CARNOT ahnte und DIESEL erstmals aussprach: „Zur Ausnutzung hoher Temperaturgefälle gehört ein hohes Druckgefälle ... Dieser Satz steht so felsenfest und gilt so allgemein wie der CARNOTsche Satz selbst, und er allein kann zum Ziele führen, unsere Brennstoffe besser auszunützen" [5]. Dabei muß man jedoch berücksichtigen, daß DIESEL die Regeneration noch nicht kannte. Der Grenzfall

$$\tau = \pi^{\frac{\varkappa - 1}{\varkappa}}$$

liefert den analytischen Beweis dafür, daß bei vorgegebenem Druckverhältnis π das anwendbare Temperaturverhältnis τ und somit der zu erzielende thermische Wirkungsgrad begrenzt sind.

Während der erste Grenzfall, bei dem sich der Prozeß auf eine Isotherme mit gleicher Wärmezu- und -abfuhr zusammenzieht, hier uninteressant ist, degeneriert im zweiten Grenzfall der CARNOT-Prozeß zu einer Adiabaten, so daß kein endlicher Wärmeaustausch mehr stattfinden kann. Damit wird die Kreisprozeßarbeit wiederum Null, doch für den thermischen Wirkungsgrad, der zunächst den unbestimmten Ausdruck

$$\eta_{th} = \frac{0}{0}$$

annimmt, ergibt sich als Grenzwert der von Null verschiedene Ausdruck

$$\eta_{\text{th}} = 1 - \left(\frac{1}{\pi}\right)^{\frac{\varkappa - 1}{\varkappa}}$$

Variiert man τ bei vorgegebenem Druckverhältnis π zwischen den beiden Grenzfällen $\tau = 1$ und $\tau = \pi^{\frac{1-\varkappa}{\varkappa}}$, so existiert stets ein Temperaturverhältnis $\tau = \tau_{\text{opt}}$, für das die Kreisprozeßarbeit λ zu einemMaximum wird (Abbildung 3 und 4). Man erhält dieses optimale Temperaturverhältnis aus der Bedingung

$$\left(\frac{\partial \lambda}{\partial \tau}\right)_{\pi} = 0 .$$

Sie führt auf die in τ transzendente Gleichung

$$\ln \pi - \frac{\varkappa}{\varkappa - 1}\left(\ln \tau_{\text{opt}} + \frac{\tau_{\text{opt}} - 1}{\tau_{\text{opt}}}\right) = 0 .$$

Durch Probieren findet man zu jedem vorgegebenen Wert von π einen zugehörigen Wert von τ_{opt}, für den dann $\lambda = \lambda_{\text{max}}$ wird.

Mit Hilfe der vorstehend angeführten analytischen Beziehungen ist die in Abb. 5 dargestellte Kreisprozeßcharakteristik berechnet worden. Daraus entnimmt man, daß der Carnot-Prozeß nur dann zu einer bemerkenswerten Arbeitsabgabe führt, wenn extrem hohe Druckverhältnisse angewandt werden. Eine Tatsache, die z. B. Diesel durchaus schon bekannt war, die er aber quantitativ völlig falsch einschätzte. Hätte er bereits die Charakteristik des Carnot-Prozesses gekannt, so hätte er niemals diesen Prozeß für seinen Verbrennungsmotor gewählt. Für Verbrennungsmotoren muß für p_{min} etwa mit Umgebungsdruck gerechnet werden, d. h. den π-Werten entsprechen etwa die maximalen Drücke in at. Soll ein Verbrennungsmotor nach dem Carnot-Prozeß arbeiten, so müßte er nach Abb. 5 mindestens für ein Druckverhältnis von $\pi = 500$ bis 1000 ausgelegt werden. Eine wirtschaftliche Ausbildung einer Kolben- oder Turbomaschine ist aber unter diesen Bedingungen unmöglich. Dabei sei auf die praktischen Schwierigkeiten zur Verwirklichung der isothermen Zustandsänderungen bei Gasen als Arbeitsmittel gar nicht eingegangen. Zum Schluß sei noch gesagt, daß für den Grenzfall $\eta_{\text{th}} = 1$ nicht nur $\tau = \infty$, sondern auch $\pi = \infty$ sein müßte, eine Tatsache, auf die normalerweise kaum jemals hingewiesen wird.

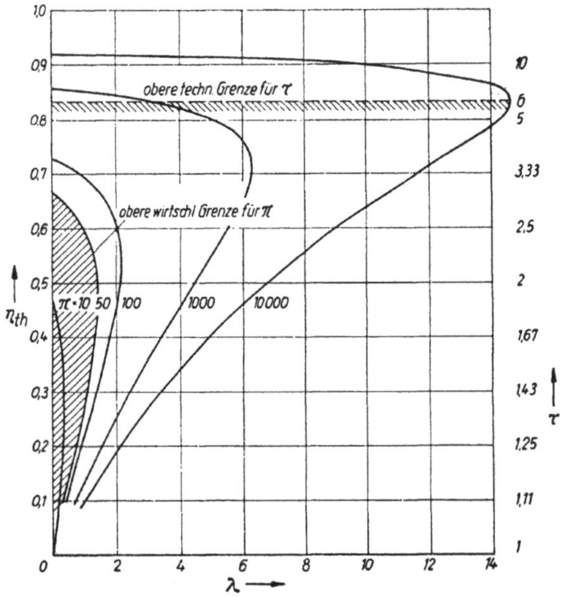

Abb. 5. Kreisprozeßcharakteristik des Carnot-Prozesses. Arbeitsmittel: Ideales Gas

2.2 Der Carnot-Prozeß mit Wasserdampf als Arbeitsmittel

Die Schwierigkeiten bei der technischen Verwirklichung des Carnot-Prozesses bestehen, wie soeben gesagt, darin, daß sich die zur adiabaten Überbrückung der Temperaturdifferenzen erforderlichen hohen Druckverhältnisse mit Gasen nicht wirtschaftlich realisieren lassen. Man könnte daran denken, p_{min} unter den Umgebungsdruck abzusenken. Diese Maßnahme ist jedoch insbesondere bei Verbrennungsmotoren undurchführbar. Hier bietet sich nun der Naßdampf als Energieträger an, der zwei wesentliche Vorteile gegenüber den Gasen aufzuweisen hat. Er kann nämlich erstens beim Durchlaufen des Prozesses seinen Aggregatzustand ändern. Dabei bleibt neben der Temperatur auch der Druck konstant, ein wesentlicher Vorteil gegenüber den Gasen, bei denen schon entlang der Isothermen ein Teil des Druckverhältnisses aufgezehrt wird. Hinzu kommt zweitens, daß Wasserdampf weit unter den Umgebungsdruck entspannt werden kann. Damit lassen sich hohe Druckverhältnisse auch ohne unwirtschaftlich hohe Anfangsdrücke verwirklichen. Abb. 6 zeigt den Carnot-Prozeß für Wasserdampf im T,s-Diagramm. Von den zur Berechnung der Charakteristik erforderlichen Beziehungen

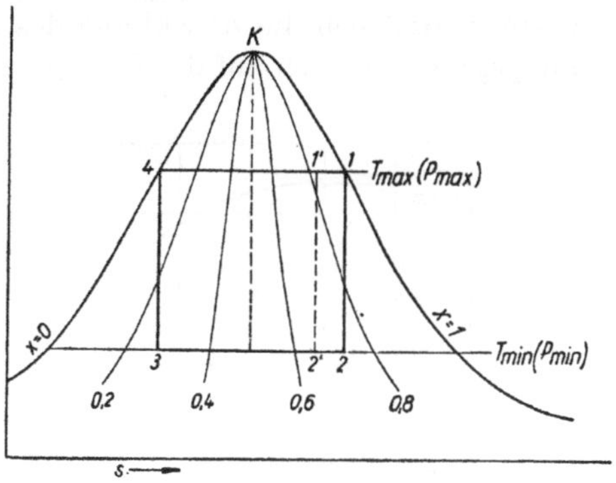

Abb. 6. Carnot-Prozeß im T,s-Diagramm. Arbeitsmittel: Sattdampf

$$\eta_{th} = f_1[\pi(\tau), x] \quad \text{und} \quad \lambda = f_2[\pi(\tau), x]$$

kann hier nur der Wirkungsgrad analytisch entwickelt werden, da für Wasserdampf eine einfache Zustandsgleichung fehlt. Es gilt

$$\eta_{th} = 1 - \frac{1}{\tau(\pi)} .$$

Für die Kreisprozeßarbeit gilt mit den Bezeichnungen der Abb. 6 die Beziehung

$$l = (s_1 - s_4)(T_{max} - T_{min})$$

bzw.

$$\lambda = \frac{(s_1 - s_4)(T_{max} - T_{min})}{R \cdot T_{min}} .$$

Um den Vergleich mit der vorhergehenden Charakteristik zu ermöglichen ist auch hier die Kreisprozeßarbeit dimensionslos dargestellt, obwohl die Auswertung für einen festen Kondensatordruck von $p_{min} = 0{,}05$ at durchgeführt wird, für den die in Abb. 7a aufgezeichnete Charakteristik zunächst nur gilt.

Da der Carnot-Prozeß im Zweiphasengebiet als Naßdampf- oder Sattdampfprozeß ablaufen kann, tritt als neuer Parameter der Dampfgehalt des Frischdampfes x auf. Dieser hat jedoch, wie auch Abb. 6 zeigt, bei konstantem Druck- bzw. Temperaturverhältnis lediglich Einfluß auf die Kreisprozeßarbeit. Im Grenzfall $x = 0$ zieht sich der Prozeß auf eine Adiabate zusammen, d. h. die Punkte *1* und *2* fallen auf *4* und *3*, so daß die Kreisprozeßarbeit Null wird. Demnach fällt in Abb. 7a die Parameterlinie $x = 0$ mit der Ordinate zusammen. Da für Zweiphasensysteme $T = T(p)$ ist, decken sich die π- mit den τ-Linien und verlaufen parallel zur Abszisse. Der thermische Wirkungsgrad nimmt mit wachsendem Druck- und Temperaturverhältnis monoton zu. Dabei ergeben sich auch hier wieder zwei Grenzfälle, und zwar

$$\tau = 1 \qquad \text{sowie} \qquad \tau = \frac{T_k}{T_{min}} = \tau_k$$

mit T_k als der Temperatur im kritischen Punkt. In beiden Grenzfällen wird $\lambda = 0$, da bei $\tau = 1$ der Prozeß zu einer Isothermen und bei $\tau = \tau_k$ zu einer Adiabaten degeneriert. Der zweite Grenzwert ist durch die Lage des kritischen Punktes bedingt. Ihm entspricht gleichzeitig der maximal erreichbare thermische Wirkungsgrad. Durch die Variation von $\tau = \tau(\pi)$ ergibt sich für jedes x ein optimales Temperaturverhältnis, bei dem $\lambda = \lambda_{\max}$ wird. τ_{opt} wird für alle x gleich, während $\lambda_{\max}$ außerdem noch proportional x ist. Abb. 7b zeigt den Einfluß des Kondensatordruckes $p_{\min}$ auf η_{th} und λ. Aus der dreidimensionalen Darstellung ist zu ersehen, daß sich die Absenkung des Kondensatordruckes sowohl auf den thermischen Wirkungsgrad wie auch auf die Kreisprozeßarbeit günstig auswirkt.

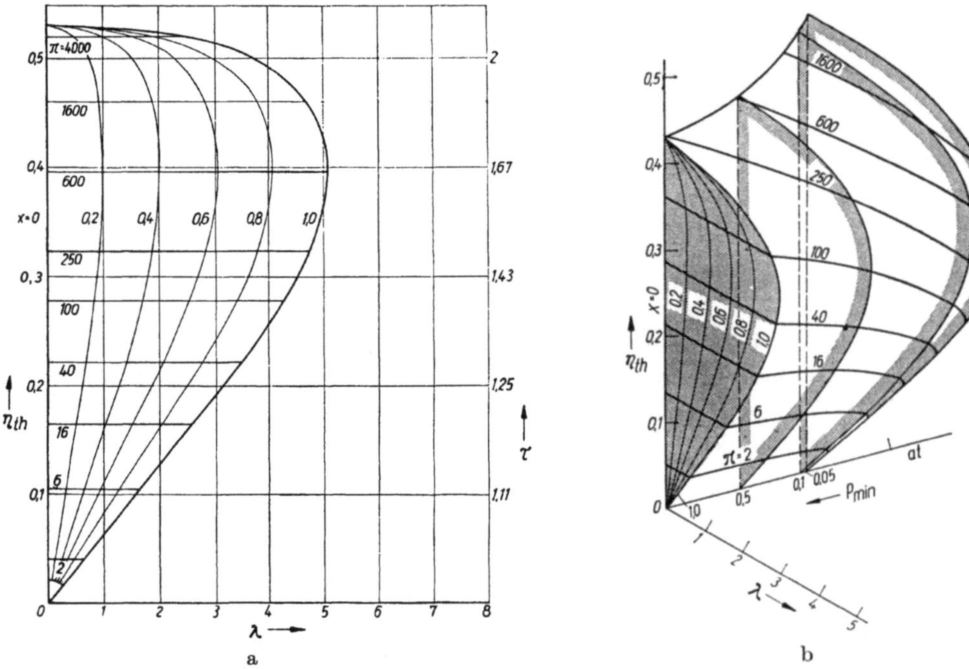

Abb. 7. Kreisprozeßcharakteristik des CARNOT-Prozesses. Arbeitsmittel: Sattdampf

Die Verwendung des Wasserdampfes als Arbeitsmittel ermöglicht demzufolge grundsätzlich die technische Verwirklichung des CARNOT-Prozesses. Bei kleineren Absolutdrücken als bei Gasen lassen sich wesentlich höhere Druckverhältnisse und damit eine bessere Arbeitsausbeute erzielen.

Der Nachteil besteht jedoch darin, daß beim CARNOT-Prozeß mit Wasserdampf nur Temperaturen $T < T_k$ ausgenützt werden können. Hinzu kommt, daß mit steigender Sattdampftemperatur die Feuchte des Abdampfes in Punkt *2* stark zunimmt, ein Umstand, der für die praktische Verwirklichung sehr ungünstig ist. Die Unterbrechung der Kondensation im Punkt *3* und die isentrope Verdichtung des heterogenen Naßdampfgemisches bis zum Punkt *4* bereiten ebenfalls unüberwindliche Schwierigkeiten.

Um diese zu umgehen, müßte man den Prozeß so abändern (Abb. 8), daß die Kondensation bis zur linken Grenzkurve (*3*) geführt und die Verdichtung (*3*—*4*) in das homogene Flüssigkeitsgebiet gelegt wird. Außerdem müßte zur Vermeidung der hohen Endfeuchte eine isotherme Überhitzung des Sattdampfes (*1'*—*1*) vorgesehen werden. Beide Vorschläge sind undiskutabel, da sich die isothermen Übergänge *4*—*4'* und *1'*—*1* technisch nicht verwirklichen lassen und bei der adiabaten Kompression *3—4* enorme Verdichtungsenddrücke auftreten würden. Aus all diesen Gründen kommt dem CARNOT-Prozeß auch bei Verwendung von Wasserdampf als Arbeitsmittel keine praktische Bedeutung zu.

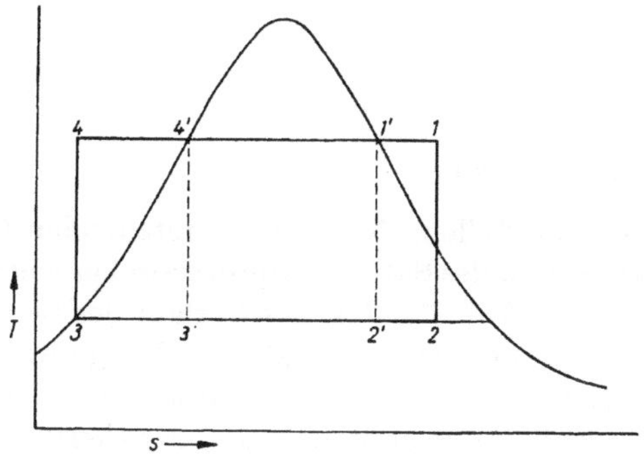

Abb. 8. CARNOT-Prozeß mit vollständiger Kondensation und isothermer Überhitzung im T,s-Diagramm. Arbeitsmittel: Wasserdampf

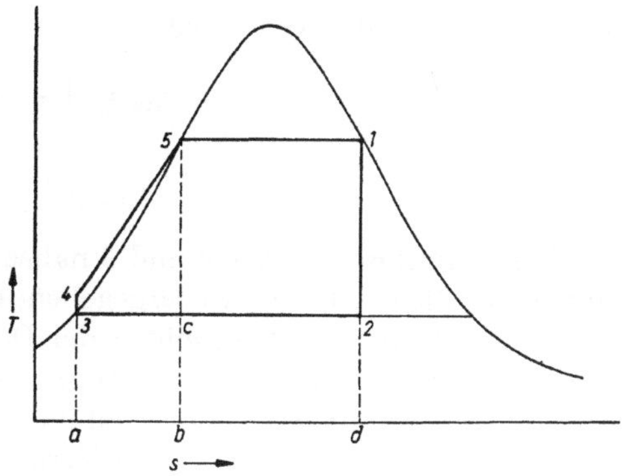

Abb. 9. CLAUSIUS-RANKINE-Prozeß im T,s-Diagramm. Arbeitsmittel: Sattdampf

3. CLAUSIUS-RANKINE-Prozeß

3.1 Der Sattdampfprozeß

Es ist somit notwendig, als theoretischen Vergleichsprozeß für Dampfkraftanlagen einen vom CARNOT-Prozeß abweichenden und zwar den in Abb. 9 gezeigten Prozeß zugrundezulegen. Er besteht aus der adiabaten Expansion des Dampfes *1—2*, der isobar-isothermen Kondensation *2—3*, der adiabaten Kompression *3—4* des Kondensats (Speisewassers) auf den Kesseldruck und der isobaren Wärmezufuhr im Kessel *4—5—1*. Dabei wird das Speisewasser zunächst auf die dem Kesseldruck entsprechende Siedewassertemperatur erwärmt (*4—5*) und anschließend isobar-isotherm verdampft (*5—1*). Da dieser Prozeß in dieser Form erstmals von CLAUSIUS und RANKINE den theoretischen Untersuchungen der Dampfmaschine zugrundegelegt wurde, trägt er ihren Namen. Der CLAUSIUS-RANKINE-Prozeß hat gegenüber dem CARNOT-Prozeß den Vorteil, daß er sich technisch verwirklichen läßt, wenn er auch — gleiche Grenztemperaturen vorausgesetzt — dessen thermischen Wirkungsgrad nicht erreichen kann, da die isobare Erwärmung des Speisewassers nicht bei konstanter Temperatur erfolgt. Dagegen wird die vom CLAUSIUS-RANKINE-Prozeß abgegebene Arbeit größer als beim CARNOT-Prozeß und zwar um die Fläche *5c345*.

Eine ausführliche Diskussion wird an Hand der Kreisprozeßcharakteristik durchgeführt. Die schon benützten Teilfunktionen f_1 und f_2 lauten wie beim CARNOT-Prozeß in Abschnitt 2.2

$$\eta_{\text{th}} = f_1[\pi(\tau), x]$$

und

$$\lambda = f_2[\pi(\tau), x] \,.$$

Deren Darstellung kann aus den schon erwähnten Gründen ebenfalls nur numerisch mit Hilfe der in den Dampftafeln zusammengestellten Zustandswerte erfolgen. Mit den Bezeichnungen in Abb. 9 ergibt sich für den thermischen Wirkungsgrad

$$\eta_{\text{th}} = 1 - \frac{q_{\text{ab}}}{q_{\text{zu}}} = 1 - \frac{i_2 - i_3}{i_1 - i_4} = 1 - \frac{T_2\,(s_1 - s_3)}{i_1 - i_4}$$

und für die Kreisprozeßarbeit

$$l = q_{zu} - q_{ab} = (i_1 - i_4) - (i_2 - i_3) = (i_1 - i_4) - T_2 (s_1 - s_3) .$$

Für $p \ll p_k$ gelten die Näherungen

$$\eta_{th} = 1 - \frac{T_2 (s_1 - s_3)}{i_1 - i_3}$$

und

$$l = (i_1 - i_3) - T_2 (s_1 - s_3) ,$$

da in diesem Fall die Punkte *4* und *3* nahezu aufeinanderfallen. Nach den vorstehenden Beziehungen ist die in Abb. 10 wiedergegebene Charakteristik des Sattdampfprozesses berechnet. Als typischer Unterschied gegenüber der Darstellung in Abb. 7a fällt der Verlauf der beiden Grenzkurven $x = 1$ und $x = 0$ ins Auge. Dabei erfaßt die rechte Grenzkurve den gesamten Prozeß *123451*, während der linke Teil nur für den sogenannten Siedewasserprozeß *5c345* gilt. Der Vergleich mit Abb. 7a zeigt weiter, daß der thermische Wirkungsgrad des CLAUSIUS-RANKINE-Prozeses stets kleiner und die Kreisprozeßarbeit stets größer als beim CARNOT-Prozeß ist. Für diesen Prozeß existieren wieder zwei Grenzfälle, und zwar kann einmal Punkt *1* mit Punkt *2* zusammenfallen und zum anderen die Punkte *5* und *3* für den Siedewasserprozeß. In beiden Fällen werden

$$\eta_{th} = 0 \quad \text{und} \quad \lambda = 0 .$$

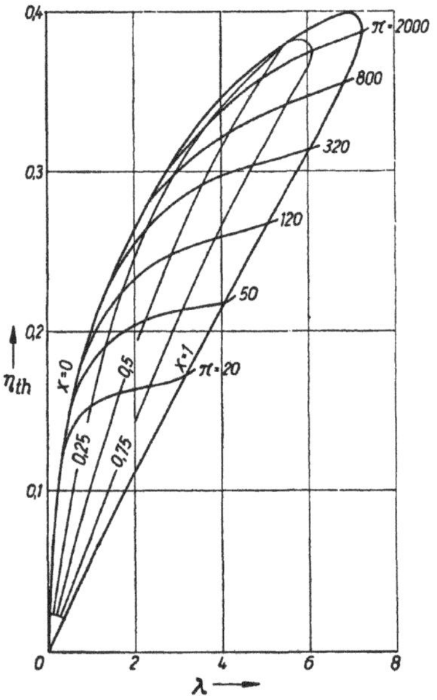

Abb. 10. Kreisprozeßcharakteristik des Stattdampf-Prozesses

Demzufolge ergibt sich hier sowohl für die Kreisprozeßarbeit als auch für den thermischen Wirkungsgrad ein Maximum. Es ist auffallend, daß der kritische Punkt außerhalb des Optimalbereiches liegt. Das rührt daher, daß in diesem Fall der CLAUSIUS-RANKINE-Prozeß gerade zum Siedewasserprozeß wird und dessen schlechterer Wirkungsgrad allein bestimmend ist. Auf den Wirkungsgrad nehmen hier zwei entgegengesetzt wirkende Tendenzen Einfluß. Das ist einmal die positiv wirkende Temperatursteigerung und zum anderen der damit zunehmende negative Einfluß des Siedewassserprozesses. Es hat demnach wenig Sinn, den Frischdampfdruck höher als ca. 100 at zu wählen. Interessant ist noch der Einfluß des Dampfgehaltes x im Frischdampfzustand bei $\pi = \text{const}$. Abb. 10 zeigt, daß im Bereich kleiner x-Werte η_{th} schnell ansteigt, während sich bei höheren x-Werten der Einfluß, ähnlich wie beim CARNOT-Prozeß, mehr auf λ erstreckt. Das liegt daran, daß sich mit wachsendem x die Wärmezufuhr immer mehr zugunsten der Verdampfung verlagert und damit der ungünstige Einfluß der Kondensatvorwärmung relativ zurücktritt. Demzufolge nimmt die logarithmische Mitteltemperatur der Wärmezufuhr zunächst rasch, mit steigendem x aber nur noch langsam zu.

3.2 Der Heißdampfprozeß

Durch den in Abb. 9 dargestellten Sattdampfprozeß sind zwar die Schwierigkeiten bei der Verdichtung des Naßdampfes überwunden, jedoch weist er noch zwei schwerwiegende Nachteile auf. Erstens kommt ein Teil des Frischdampfes schon beim Füllungsvorgang an den Zylinderwänden der Dampfmaschine zur Kondensation, was mit erhöhten Wandungsverlusten verbunden ist. Zweitens ergeben sich beim Übergang zu höheren Drücken bzw. Temperaturen des Frischdampfes unzulässig hohe Abdampffeuchten, die zu Wasserschlägen in den Kolbenmaschinen und zu Erosionen in den Turbinen führen. Insofern war die von WILHELM SCHMIDT kurz vor der Jahrhundertwende erstmals angewandte Überhitzung des Frischdampfes ein wesentlicher technischer Fortschritt, der gleichzeitig zur thermischen Verbesserung des CLAUSIUS-RANKINE-Prozesses beitrug.

Das seitdem zu verzeichnende Bemühen um die Anwendung immer höherer Frischdampftemperaturen und -drücke hat zu einer stürmischen Entwicklung der Dampfkraftanlagen geführt. Dabei sind technische und thermodynamische Belange teilweise stark miteinander verzahnt. In dieser Arbeit sollen die Zusammenhänge vor allem vom thermodynamischen Standpunkt aus betrachtet werden, da die rein technisch-konstruktiven Probleme bereits an anderer Stelle ausführlich dargelegt sind (z. B. in [6]).

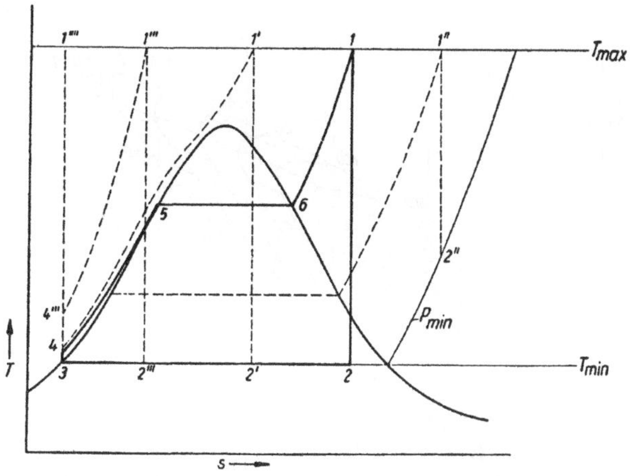

Abb. 11. CLAUSIUS-RANKINE-Prozeß im T,s-Diagramm. Arbeitsmittel: Heißdampf

Um eine möglichst umfassende Darstellung geben zu können, soll der Dampfkraftprozeß im gesamten derzeitig erforschten Zustandsbereich des Wasserdampfes, d. h. bis 1000 at und 1000 °C untersucht werden. Der üblichen Gepflogenheit gemäß wollen wir dabei als CLAUSIUS-RANKINE-Prozeß nur solche Vergleichsprozesse bezeichnen, die mit unterkritischen Frischdampfdrücken $p < p_k$ arbeiten (Prozeß *1234561* in Abb. 11). Prozesse mit überkritischen Frischdampfdrücken $p > p_k$ sollen dagegen BENSON-Prozesse genannt werden (Prozeß *1'2'34'1'* in Abb. 11).

Weiter erscheint es für das Folgende zweckmäßig, anstelle der bisher benutzten dimensionslosen Parameter π und τ die absoluten Druck- und Temperaturwerte p und t zur Kennzeichnung des Frischdampfzustandes zu verwenden. Entsprechend wird auch die Kreisprozeßarbeit dimensionsbehaftet eingeführt. Die Darstellung der Charakteristik erfolgt über die beiden Funktionen

$$\eta_{th} = f_1(p, t)$$

und

$$l = f_2(p, t) .$$

Mit den Bezeichnungen in Abb. 11 ergibt sich für den thermischen Wirkungsgrad

$$\eta_{th} = 1 - \frac{q_{ab}}{q_{zu}} = 1 - \frac{i_2 - i_3}{i_1 - i_4}$$

und für die Kreisprozeßarbeit

$$l = q_{zu} - q_{ab} = (i_1 - i_4) - (i_2 - i_3) .$$

Fällt Punkt *2* in das Zweiphasengebiet, so kann man für die abgeführte Wärme auch schreiben

$$q_{ab} = i_2 - i_3 = T_2 (s_2 - s_3) .$$

Diese Berechnungsgleichungen, die der Darstellung in Abb. 12 zugrundeliegen, stimmen natürlich qualitativ mit denjenigen für den Sattdampfprozeß überein. Der Vollständigkeit halber und auch der besseren Übersicht wegen sind auch die Sattdampfprozesse in die Darstellung von Abb. 12 mit aufgenommen.

Durch die Grenzkurven $x = 0$ und $x = 1$ wird die Diagrammfläche praktisch in drei Bereiche unterteilt. Davon sind jedoch nur *die* Gebiete technisch interessant, in denen der Satt- oder Heißdampfprozeß koordinatenmäßig abgebildet wird. Dabei gilt für den Sattdampfprozeß das bereits bei der Beprechung von Abb. 10 Gesagte.

Das Überhitzungsgebiet zeigt die Notwendigkeit einer sinnvollen Zuordnung von Druck und Temperatur im Frischdampfzustand. Nur wenn man beachtet, daß jedes Temperaturverhältnis allein durch ein bestimmtes Druckgefälle optimal ausgenutzt wird, gelangt man zu einer thermodynamisch günstigen Auslegung des Dampfkraftprozesses. In dem heute technisch interessierenden Bereich bilden sich entlang der Frischdampfisothermen sowohl Maxima hinsichtlich der Kreisprozeßarbeit wie auch hinsichtlich des thermischen Wirkungsgrades aus. Zwischen den beiden jeweils dazugehörigen Frischdampfdrücken ergibt sich demzufolge eine optimale Auslegung des Prozesses. Für die endgültige Wahl des Frischdampfzustandes spielen natürlich noch energiewirtschaftliche Gesichtspunkte eine Rolle. Da der Druckeinfluß etwa logarithmisch eingeht, muß eine Wirkungsgradverbesserung durch einen hohen technischen Aufwand erkauft werden. Eine endgültige Optimalauslegung kann also erst unter Berücksichtigung der Kosten erfolgen. Während sich die Betriebskosten infolge des Wirkungsgradgewinnes verbessern, erhöhen sich die Anlagekosten auf Grund des zunehmenden Druckes und bei Überschreiten von l_{max} auch durch die Abnahme der Kreisprozeßarbeit. Gelänge es, Kreisprozeßcharakteristiken unter Hinzunahme auch dieser Zusammenhänge aufzubauen, so wäre damit eine noch umfassendere Grundlage für die Beurteilung der Arbeitsverfahren gegeben als durch die hier benutzte Darstellung.

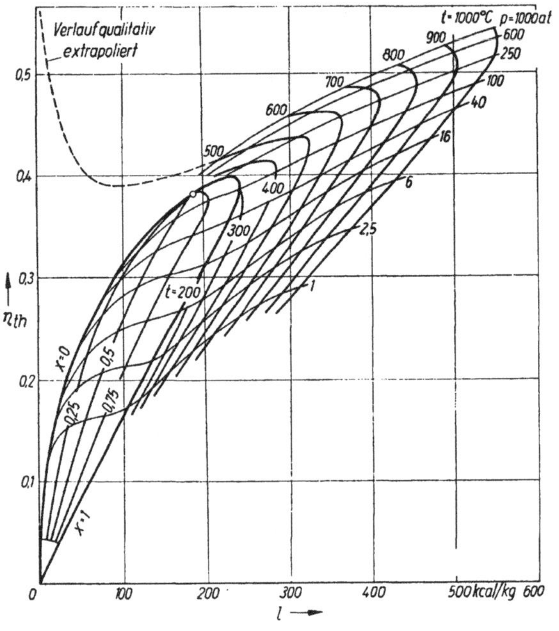

Abb. 12. Kreisprozeßcharakteristik des Heißdampf-Prozesses

Die Charakteristik des CLAUSIUS-RANKINE-Prozesses zeigt weiter, daß die Optimalbereiche mit steigender Temperatur zu immer höheren Frischdampfdrücken streben. Das ist ohne weiteres verständlich, wenn man sich hierbei erinnert, daß hohe Temperaturgefälle nur durch hohe Druckgefälle optimal ausgenutzt werden können.

Verfolgt man den Verlauf der Parameterkurven, so erkennt man außerdem, daß unterhalb des Optimalbereiches eine Steigerung des Frischdampfdruckes vorwiegend der Wirkungsverbesserung zugute kommt, eine Steigerung der Frischdampftemperatur sich aber vor allem in einer Erhöhung der Kreisprozeßarbeit auswirkt. Beide Maßnahmen sind demzufolge grundsätzlich zur Verbesserung des Prozesses geeignet. Für den CLAUSIUS-RANKINE-Prozeß existieren ebenfalls wieder zwei Grenzfälle. Zieht sich der Prozeß auf die Isobare zusammen, die durch den Kondensatordruck gekennzeichnet ist, so werden Wirkungsgrad und Kreisprozeßarbeit gleich Null. Demzufolge beginnen alle Isothermen im Ursprung des Koordinatensystems. Wesentlich interessantere Verhältnisse ergeben sich beim Übergang zu dem zweiten Grenzfall, bei dem der Prozeß zu einer Adiabaten im Flüssigkeitsgebiet degeneriert. Da hier die Arbeitsfläche wiederum verschwindet, wird l gleich Null. Daraus resultiert die Ausbildung der Maxima für die Kreisprozeßarbeit bei $t = \text{const.}$ Der thermische Wirkungsgrad wird in diesem zweiten Grenzfall jedoch gleich dem des CARNOT-Prozesses zwischen den gleichen Grenztemperaturen. Da dieser Wert nicht überschritten werden kann, liegen die oben besprochenen Wirkungsgradmaxima zwanglsäufig unter diesem Wert. Infolgedessen müssen die Isothermen in ihrem Verlauf auch noch ein Minimum aufweisen, das jedoch numerisch nicht ermittelt werden kann, da die Zustandswerte für die dazugehörigen extrem hohen Drücke getafelt nicht vorliegen. Für *eine* Isotherme ist dieses Verhalten in Abb. 12 durch die gestrichelte Linie angedeutet, die bei dem Wert für den zugehörigen CARNOT-Wirkungsgrad die Ordinate trifft. Eine physikalisch plausible Deutung dieses Sachverhaltes läßt sich mit Hilfe des T,s-Diagrammes geben. Zu diesem Zweck sind in Abb. 11 für eine konstante Frischdampftemperatur Dampfkraftprozesse für verschiedene Frischdampfdrücke eingezeichnet. Mit zunehmendem Druck wird zunächst die logarithmische Mitteltemperatur bei der Wärmezufuhr angehoben und bei der Wärmeabfuhr gesenkt, bis die Expansionslinie *12* gerade auf der rechten Grenzkurve endet. Beide Maßnahmen ergeben den steilen Wirkungsgradanstieg, wie ihn Abb. 12 zeigt. Bei weiterer Drucksteigerung bestimmt nur noch die Änderung der logarithmischen Mitteltemperatur bei der Wärmezufuhr den Wirkungsgradverlauf, da die Wärmeabfuhr dann stets bei konstanter Kondensatortemperatur erfolgt. Der zunächst für die Wirkungsgradsteigerung sehr einflußreiche Isothermenabschnitt der Verdampfung wird mit zunehmender Temperatur immer kürzer bis er bei überkritischen Drücken ganz verschwindet. Dadurch ist allein die Mitteltemperatur der Isobaren wirkungsgradbestimmend. Vergleicht man beispielsweise die beiden Prozesse *1234561* und *1'''2'''34'''* nach Abb. 11, so sieht man, daß bei Verlagerung des CLAUSIUS-RANKINE-Prozesses in das Flüssigkeitsgebiet (soweit man bei überkritischen Temperaturen überhaupt von einem solchen sprechen kann) die Mitteltemperatur der Wärmezufuhr wieder abnimmt und schließlich zur Ausbildung des Minimums für η_{th} führt. Erst bei weiterer extremer Druckerhöhung nimmt die Mitteltemperatur der isobaren Wärmezufuhr wieder zu, bis im Punkt *1''''* der Grenzwert $T_m = T_{\max}$ und damit $\eta_{\text{th}} = \eta_{\text{th}\max}$ erreicht wird.

Mit Hilfe der Kreisprozeßcharakteristik kann man also von Fall zu Fall die für eine optimale Auslegung günstigsten Frischdampfparameter festlegen und deren Einfluß auf den thermischen Wirkungsgrad und die Kreisprozeßarbeit diskutieren, wenn bestimmte Druck- oder Temperaturwerte von vornherein für die Auslegung vorgeschrieben sind. Dabei stellt man fest, daß in dem technisch zu verwirklichenden Temperaturbereich bei einer Optimalauslegung der Feuchtegehalt des Abdampfes normalerweise immer größer als der zulässige Wert von 12 bis 15 v.H. wird. Diese Feuchte wird allerdings in Wirklichkeit nicht ganz erreicht, da infolge der Nichtumkehrbarkeiten während der Expansion der Punkt *2* (Abb. 11) nach rechts und damit zu höheren x-Werten verschoben wird. Bei der Auslegung der Dampfkraftanlage ist unbedingt darauf zu achten, daß die zulässige Endfeuchte des Abdampfes nicht überschritten wird, damit die Maschinen durch Erosionserscheinungen usw. in den Endstufen nicht vorzeitig zerstört werden. Da aber die Einhaltung dieser Bedingung beim einfachen CLAUSIUS-RANKINE-Prozeß bei höheren Frischdampfdrücken nicht mehr möglich ist, sind seiner Anwendbarkeit als Vergleichsprozeß von dieser Seite her bestimmte Grenzen gesetzt. Durch Einführung der Zwischenüberhitzung, die im folgenden Abschnitt behandelt wird, können diese Grenzen jedoch weitgehend aufgehoben werden.

Wie man aus einem Vergleich mit Abb. 13 entnimmt, hat die Charakteristik des CLAUSIUS-RANKINE-Prozesses eine gewisse Ähnlichkeit mit derjenigen des JOULE-Prozesses. Dieser setzt sich ebenfalls aus zwei adiabaten und zwei isobaren Zustandsänderungen wie der CLAUSIUS-RANKINE-Prozeß zusammen. Der Unterschied besteht zwischen beiden Prozeßen lediglich darin, daß das Arbeitsmittel beim CLAUSIUS-RANKINE-Prozeß das Zweiphasengebiet durchläuft, während es beim JOULE-Prozeß stets in der gasförmigen Phase vorliegt. Dadurch kommen die Unterschiede im Verlauf der Parameterkurven zustande. So ist beim JOULE-Prozeß η_{th} nur eine Funktion des Druckverhältnisses π, während beim CLAUSIUS-RANKINE-Prozeß der Wirkungsgrad von p und T bzw. x abhängt. Man sieht jedoch, daß insbesondere bei kleinen Drücken (Abb. 12) die Isobaren bei hohen Temperaturen allmählich in horizontale Geraden übergehen, sich also dem Verlauf der π-Linien beim Joule-Prozeß nähern. Außerdem verschwindet beim Joule-Prozeß die Ausbildung der Maxima und Minima hinsichtlich des thermischen Wirkungsgrades entlang der τ-Linien. Nach Durchlaufen des Optimalbereiches $\lambda = \lambda_{max}$ geht η_{th} wie beim Clausius-Rankine-Prozeß für $\lambda = 0$ in den Wirkungsgrad des Carnot-Prozesses über, allerdings hier monoton ansteigend.

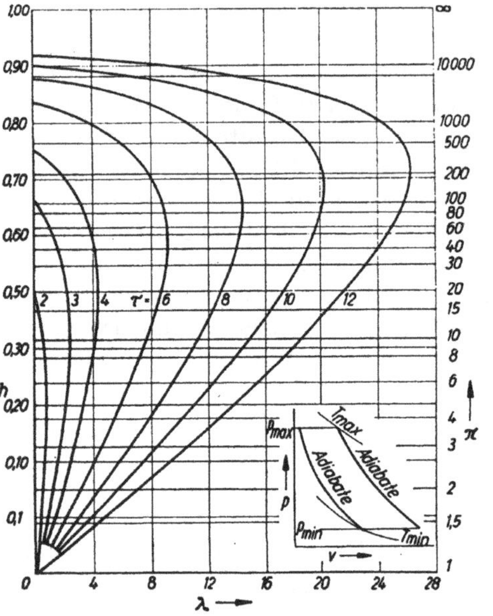

Abb. 13. Kreisprozeßcharakteristik des Joule-Prozesses.
Arbeitsmittel: Wasserdampf als ideales Gas

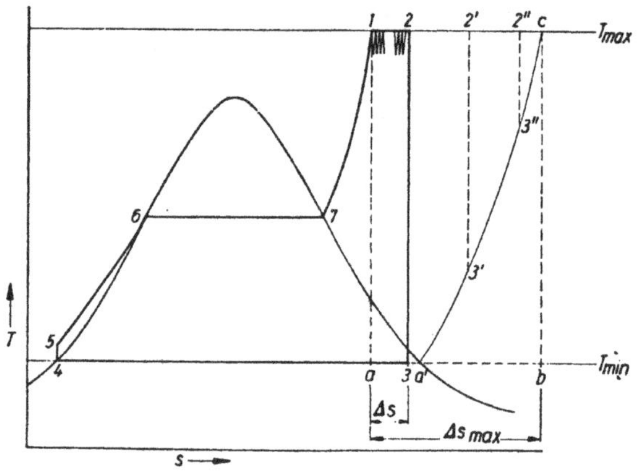

Abb. 14. Dampfkraft-Prozeß mit Zwischenüberhitzung

4. Zwischenüberhitzung

Durch Anwendung der Zwischenüberhitzung verlagert sich der Dampfzustand nach der Expansion zu geringeren Endfeuchten. Außerdem kann aber durch geschickte Prozeßführung damit auch eine Verbesserung des thermischen Wirkungsgrades des Wärmekraftprozesses erzielt werden. Abb. 14 zeigt den für die Untersuchung zugrundegelegten Vergleichsprozeß. Dabei wird als Zustandsänderung für die Zwischenüberhitzung eine isotherme Expansion von *1* nach *2* als idealer Ersatzvorgang angenommen. Auf diese Weise läßt sich der Einfluß der Zwischenüberhitzung auf den ursprünglichen Vergleichsprozeß rechnerisch recht bequem und zwar mit Hilfe eines einzigen Parameters (s. u.) erfassen.

Physikalisch kann man die Isotherme *1*—*2* als den Zustandsverlauf des Dampfes bei einer unendlichstufigen Zwischenüberhitzung deuten, die sich in einem unendlich schmalen Temperaturintervall dT unterhalb der Frischdampftemperatur in deren unmittelbarer Nachbarschaft abspielt. Man kann aber ebensogut auch von der Vorstellung einer mittleren Überhitzungstemperatur bei einer endlichstufigen Zwischenüberhitzung ausgehen. Als der schon erwähnte Parameter wird neben Druck und Temperatur im Frischdampfzustand *1* der Zwischenüberhitzungsgrad ζ eingeführt und durch die Beziehung

$$\zeta = \frac{\Delta s}{\Delta s_{max}}$$

definiert. Mit den Bezeichnungen von Abb. 14 erhält man dafür

$$\zeta = \frac{s_2 - s_1}{s_c - s_1}.$$

Wandert der Punkt *2* von *1* nach *c*, so ändert sich ζ in den Grenzen $\zeta = 0$ bis $\zeta = 1$. Durch die Annahme eines bestimmten Wertes von ζ innerhalb dieser Grenzen wird zugleich auch über den jeweiligen Zwischenüberhitzungsenddruck p_2 eindeutig verfügt. Für $\zeta = 0$ ergibt sich der schon behandelte Clausius-Rankine-Prozeß mit $p_2 = p_1$ und für $\zeta = 1$ der Prozeß mit dem kleinstmöglichen Zwischenüberhitzungsenddruck $p_2 = p_c = p_{\min}$. Die beiden Teilfunktionen für den thermischen Wirkungsgrad und die Kreisprozeßarbeit lauten im vorliegenden Fall

$$\eta_{\text{th}} = f_1(p, t, \zeta)$$

und

$$l = f_2(p, t, \zeta)$$

oder mit den Bezeichnungen nach Abb. 14

$$\eta_{\text{th}} = 1 - \frac{q_{\text{ab}}}{q_{\text{zu}}} = 1 - \frac{i_3 - i_4}{i_1 - i_5 + T_1\,\zeta\,(s_c - s_1)}$$

und

$$l = q_{\text{zu}} - q_{\text{ab}} = (i_1 - i_5) + T_1 \cdot \zeta\,(s_c - s_1) - (i_3 - i_4)\,.$$

Dabei ist durch Vorgabe von ζ auch über den Punkt *3* verfügt, wenn man beachtet, daß wegen der Voraussetzung reversibler Expansion $s_3 = s_2 = \text{const}$ ist.

Da der Kondensatordruck wieder mit $p_3 = p_4 = 0{,}05$ at als konstant vorausgesetzt wird, können Wirkungsgrad und Kreisprozeßarbeit in Abhängigkeit von p, t und ζ ermittelt werden. Die rechnerischen Grundlagen zur Aufstellung der Kreisprozeßcharakteristik liegen damit vor. Die graphische Darstellung müßte jedoch dreidimensional erfolgen, da neben p und t der Zwischenüberhitzungsgrad ζ als weitere unabhängige Variable auftritt. Die dritte Koordinatenachse müßte die ζ-Achse sein. Eine solche Darstellung hat aber praktisch nur wenig Bedeutung. Die zeichnerische Auswertung wird deshalb so vorgenommen, daß abwechselnd der Frischdampfdruck, die Frischdampftemperatur und der Zwischenüberhitzungsgrad konstant gehalten werden. Zu jedem dieser Werte gehört dann ein bestimmtes Schaubild. Um die wesentlichen thermodynamischen Zusammenhänge zu zeigen genügt es, eine sinnvolle Auswahl zu treffen, die den Betrachtungen zugrundegelegt wird. Die Abbildungen 15, 16 und 17 zeigen drei derartige Charakteristiken für $t = 600$ °C, $p = 100$ at und $\zeta = 0{,}6$, die jeweils ihre Gattung vertreten.

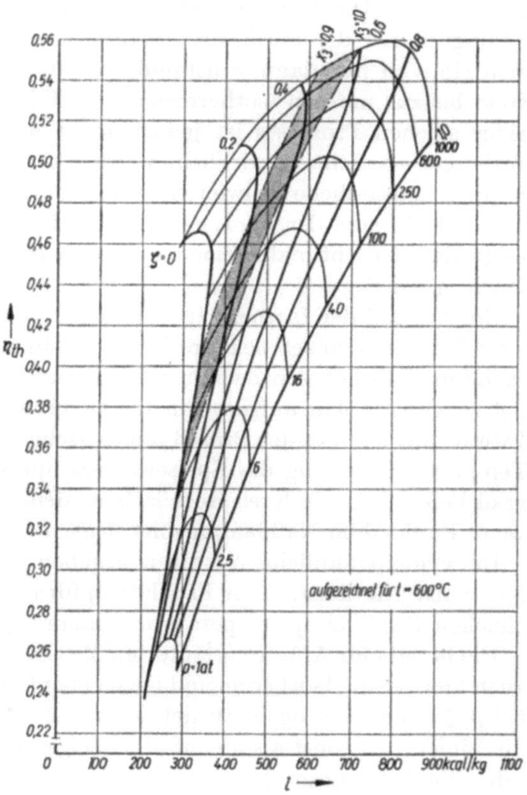

Abb. 15. Kreisprozeßcharakteristik des Dampfkraftprozesses mit Zwischenüberhitzung für $t = 600$ °C

In Abb. 15 sind für die angenommene Frischdampftemperatur Kurven für verschiedene Zwischenüberhitzungsgrade $\zeta = 0$ bis 1 eingetragen. Außerdem sind die Punkte gleichen Frischdampfdruckes zu Isobaren verbunden. Dadurch kann der Einfluß der Zwischenüberhitzung bei konstantem Frischdampfzustand verfolgt werden. Man sieht, daß mit zunehmendem Zwischenüberhitzungsgrad der thermische Wirkungsgrad in allen Fällen zunächst ansteigt, nach Durchlaufen des Maximums jedoch sehr steil abfällt. Die physikalische Erklärung dafür kann an Hand der Darstellung des Prozesses im T,s-Diagramm (Abb. 14) leicht gegeben werden. Zu diesem Zweck sind in das Diagramm Dampfkraftprozesse mit verschieden starker Zwischenüberhitzung eingezeichnet worden. Da der Frischdampfzustand *1* konstant bleibt, genügt es, den Teilprozeß *123a1* zu betrachten, der zu dem Grundprozeß *1a45671* hinzukommt. Ist der thermische Wirkungsgrad des Zusatzprozesses größer als derjenige des Grundprozesses, so ergibt sich für den Gesamtprozeß eine Wirkungsgradverbesserung und umgekehrt. Solange der Expansionsendpunkt *3* innerhalb des Zweiphasengebietes liegt, ist der Zusatzprozeß *123a1* ein CARNOT-Prozeß mit entsprechend hohem thermischen Teilwirkungsgrad. Mit wachsendem ζ rückt Punkt *3* auf der Gegendruckisobaren immer weiter in das Heißdampfgebiet hinein. Dadurch erhöht sich die Mitteltemperatur der Wärmeabfuhr. Das hat zur Folge, daß der Vorteil der isothermen Wärmezufuhr mehr und mehr aufgehoben wird. Diese beiden entgegengesetzt wirkenden Einflüsse führen schließlich zur Ausbildung des Maximums für den thermischen Wirkungsgrad des Gesamtprozesses, das sich unabhängig von Druck und Temperatur etwa bei $\zeta = 0{,}6$ einstellt (Abb. 15). Den Zwischenüberhitzungsgrad weiter zu erhöhen, hat wenig Sinn, da dann der Wirkungsgrad — wie schon festgestellt — wieder steil abfällt. Für den Prozeß mit maximaler Zwischenüberhitzung $\zeta = 1$ liegt allerdings der thermische Wirkungsgrad des Gesamtprozesses stets noch etwas höher als beim einfachen CLAUSIUS-RANKINE-Prozeß. Die Kreisprozeßarbeit nimmt natürlich bis zuletzt zu, da die umschriebene Fläche mit wachsendem ζ laufend größer wird. Die Zunahme erfolgt anfangs sehr rasch und klingt gegen $\zeta = 1$ allmählich ab, bedingt durch die Form des Zusatzprozesses. Die „isotherme Zwischenüberhitzung" ließe sich sinnvoll nur dann vollständig ausnutzen, wenn die anschließende adiabate Expansion stets bis zur unteren Isothermen a—b geführt werden könnte. Die technische Durchführung eines solchen Prozesses ist jedoch nicht möglich, da einerseits die niedrigen Gegendrücke entlang a—b nicht verwirklicht werden können und andererseits die isotherme Kompression b—a' grundsätzliche Schwierigkeiten bereitet.

Durch Angabe der Parameterkurven für konstantes $x = x_3$ im Abdampfzustand wird gezeigt, daß der Optimalbereich der Zwischenüberhitzung stets oberhalb der zulässigen Dampffeuchtigkeit liegt.

Der Verlauf der Isothermen, hier durch die Linien ζ = const vertreten, wie er vom CLAUSIUS-RANKINE-Prozeß bekannt ist, bleibt in seiner geometrischen Grundform nur bis $\zeta = 0{,}4$ erhalten. Bei höheren Zwischenüberhitzungsgraden bildet sich der Optimalbereich hinsichtlich η_{th} und l in dem aufgezeichneten Diagrammbereich nicht mehr oder nur noch schwach aus. Interessant ist, daß der Prozeß mit Zwischenüberhitzung für den Grenzfall bei rein adiabater Temperaturerhöhung des Speisewassers nur für bestimmte ζ-Werte den CARNOT-Wirkungsgrad liefert und die Kreisprozeßarbeit niemals Null wird. Der Fall $\eta_{\text{th}} = \eta_{\text{th, C}}$ tritt nur ein, wenn Punkt *3* im Naßdampfgebiet liegt.

Im Prinzip ähnliche Aussagen ergeben sich aus Abb. 16, in der die Parameterkurven ζ = const für konstanten Frischdampfdruck $p = 100$ at eingetragen sind. Die Werte, die gleichen Frischdampftemperaturen entsprechen, sind hier zu Isothermen verbunden.

Die bereits für Abb. 15 erläuterten Maxima für den thermischen Wirkungsgrad ergeben sich auch hier für die Isotherme und liegen ebenfalls etwa bei $\zeta = 0{,}6$. Eine Temperatursteigerung bei p, ζ = const bringt natürlich stets einen Wirkungsgrad- sowie einen Arbeitsgewinn, so daß die Linien ζ = const als monoton ansteigende Kurven verlaufen. In Abb. 17 ist für den Zwischenüberhitzungsgrad $\zeta = 0{,}6$, bei dem nach Abb. 15 und 16 etwa der maximale thermische Wirkungsgrad liegt, die zugehörige Kreisprozeßcharakteristik aufgezeichnet.

Die Tendenz der Isobaren und Isothermen ist im wesentlichen gegenüber dem CLAUSIUS-RANKINE-Prozeß unverändert geblieben. Der durch die Isothermen gekennzeichnete Optimalbereich hat sich zu höheren Drücken verlagert und verschwindet für Temperaturen über 700 °C bei den eingezeichneten Drücken vollständig. Da im Gegensatz zu dem einfachen CLAUSIUS-RANKINE-Prozeß die Kreisprozeßarbeit nur in dem einen Grenzfall $p_{max} = p_{min}$ zu Null wird, ist es physikalisch durchaus plausibel, daß sich bei hohen Drücken und Temperaturen kein Maximum für die Kreisprozeßarbeit ausbildet, sondern Isothermen und Isobaren monoton ansteigende Kurven sind, die sich in ihrem Verlauf mehr und mehr nähern.

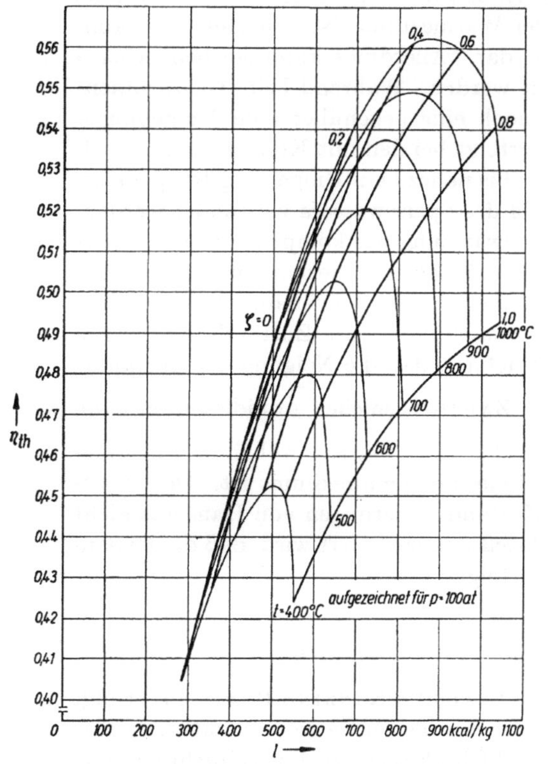

Abb. 16. Kreisprozeßcharakteristik des Dampfkraftprozesses mit Zwischenüberhitzung für $p = 100$ at

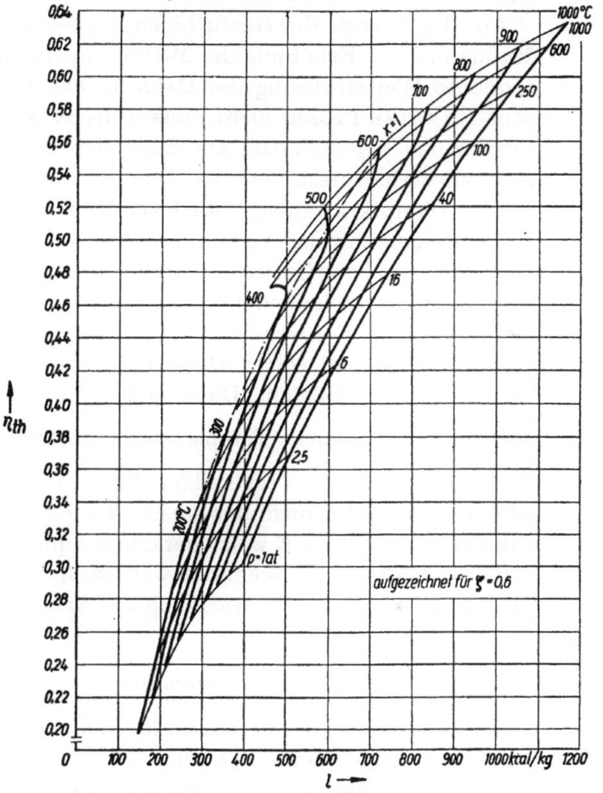

Abb. 17. Kreisprozeßcharakteristik des Dampfkraftprozesses mit Zwischenüberhitzung für $\zeta = 0{,}6$

Die Lage der Linie $x = 1$ für konstanten Abdampfzustand zeigt, daß infolge der Zwischenüberhitzung die zulässige Abdampffeuchtigkeit in keinem Fall mehr überschritten wird. Dadurch ist die bekannte Wirksamkeit dieser Maßnahme auch durch die hier gewählte Darstellung einwandfrei nachgewiesen.

5. Regeneration

Die in den vorhergehenden Abschnitten besprochenen Maßnahmen zur Verbesserung des Dampfkraftprozesses hatten im wesentlichen zum Ziel, das zur Verfügung stehende Temperaturgefälle möglichst weitgehend, d. h. mit hohem Wirkungsgrad für die Umwandlung von Wärme in Arbeit, auszunutzen.[1])

[1]) Das ist zwar bei der soeben behandelten Zwischenüberhitzung — wie schon erwähnt — nicht der eigentliche Grund für deren Einführung. Eine Wirkungsgradverbesserung gegenüber dem einfachen CLAUSIUS-RANKINE-Prozeß tritt aber auch dort immer ein, wie wir zeigen konnten.

Eine Verbesserung des thermischen Wirkungsgrades ist grundsätzlich nur möglich, wenn man die schon von Carnot formulierte Forderung beachtet, die gesamte Wärme möglichst bei der höchsten Prozeßtemperatur zu- und bei der niedrigsten abzuführen. Bezüglich der Wärmezufuhr erfüllt der Clausius-Rankine-Prozeß diese Forderung nur sehr unvollkommen; denn die Aufheizung des Speisewassers erfogt isobar. Durch die bisherigen Maßnahmen konnte diesem „Übel" noch nicht abgeholfen werden, da die Möglichkeit der adiabaten Überbrückung, wie sie Carnot fordert, nicht diskutabel ist.

Aus der Theorie der Gasturbinenprozesse ist bekannt, daß die Regeneration eine wirksame Maßnahme zur Erhöhung der Mitteltemperatur bei der Wärmezufuhr ist. Sie stellt eine konsequente Weiterführung der Carnotschen Gedanken dar. Allerdings kann sie beim Clausius-Rankine-Prozeß nicht ohne weiteres angewandt werden. Während beim Gasturbinenprozeß das Arbeitsmittel am Ende der Expansion noch eine gegenüber dem Umgebungszustand verhältnismäßig hohe Temperatur aufweist, erfolgt bei den mit Kondensation arbeitenden Dampfkraftanlagen die Expansion des Dampfes bis nahezu auf Umgebungstemperatur. Demzufolge kann der Abdampf nicht zur Vorwärmung des Speisewassers verwendet werden, im Gegensatz zum Gasturbinenprozeß, bei dem die Vorwärmung des komprimierten Arbeitsmittels durch die heißen Turbinenabgase grundsätzlich möglich ist. Thermodynamisch ergibt sich daraus die Forderung, daß für die Regeneration innerhalb des (reversibel verlaufenden) Kreisprozesses bei seiner Darstellung im T,s-Diagramm äquidistante Zustandsänderungen vorhanden sein müssen. Diese sind dadurch gekennzeichnet, daß die Neigung der Zustandskurven $\frac{\partial T}{\partial s}$ für gleiche Temperaturen übereinstimmt. Zwischen solchen Äquidistanten kann dann ein vollkommen reversibler Wärmeaustausch durchgeführt werden, wobei die Entropieabnahme des Heizmediums gleich der Entropiezunahme des Kühlmediums ist. Der Clausius-Rankine-Prozeß weist derartige äquidistante Zustandsänderungen von Haus aus nicht auf. Sie müssen erst geschaffen werden, indem der Prozeß so abgeändert wird, daß die Expansion äquidistant zur Vorwärmung des Speisewassers erfolgt.

5.1 Regeneration bei unterkritischem Frischdampfdruck

Bei unterkritischen Prozessen (d. h. den eigentlichen Clausius-Rankine-Prozessen) erfolgt die regenerative Speisewasservorwärmung normalerweise nur bis zur Siedetemperatur, da eine regenerative Wärmebereitstellung für Verdampfung und Überhitzung technisch nicht sinnvoll ist. Bei überkritischen Prozessen hingegen, (d. h. bei den Benson-Prozessen) entfällt die Siedetemperatur als natürliche Regenerationsgrenze, da hier der Übergang flüssig—dampfförmig kontinuierlich stattfindet, ohne daß das Zweiphasengebiet durchlaufen wird. Abb. 18 zeigt den unterkritischen Regenerativprozeß im T,s-Diagramm. Gegenüber dem Clausius-Rankine-Prozeß ergibt sich eine Änderung in der äußeren Wärmezufuhr und im Expansionsverlauf. Infolge der Regeneration wird die äußere Wärmezufuhr zu höheren Temperaturen verlagert und damit der thermische Wirkungsgrad verbessert. Die Expansion des Frischdampfes verläuft zunächst isentrop bis auf die Vorwärmtemperatur $t_5 = t_6$. Von da ab erfolgt die weitere Entspannung unter gleichzeitiger Wärmeabgabe an das Speisewasser bis zum Erreichen der Temperatur t_4, der Austrittstemperatur aus der Speisepumpe, und anschließend wieder isentrop bis zur Kondensationstemperatur $t_2 = t_3$. Der in dieser Weise festgelegte Vergleichsprozeß liegt den folgenden Betrachtungen zugrunde. Er ist ein Grenzprozeß, dessen Verwirklichung nur mit Hilfe einer unendlichstufigen Vorwärmsäule möglich ist, die der gesamte in der Turbine expandierende Dampf im Gegenstrom zum Speisewasser durchströmt. Zu diesem Zweck muß das Arbeitsmittel ständig zwischen Maschine und den einzelnen Vorwärmstufen hin und her geführt werden (Abb. 18a). Infolge der unendlichen Stufenzahl erfolgt der regenerative Wärmeaustausch bei unendlich kleinen Temperaturdifferenzen, also

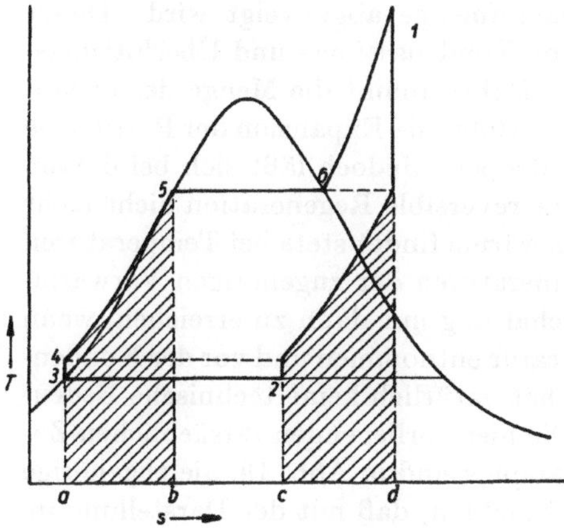

Abb. 18. Dampfkraftprozeß mit Regeneration durch den expandierenden Dampfstrom

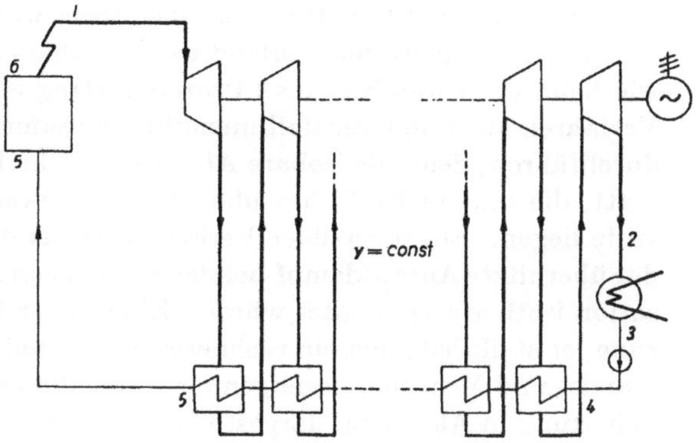

Abb. 18a. Vorwärmerschaltung für Vorheizung mit konstanter Dampfmenge

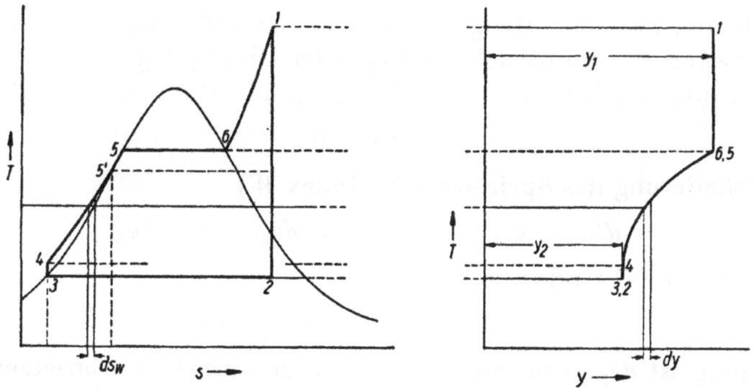

Abb. 19. Dampfkraftprozeß mit Regeneration durch Anzapfdampf

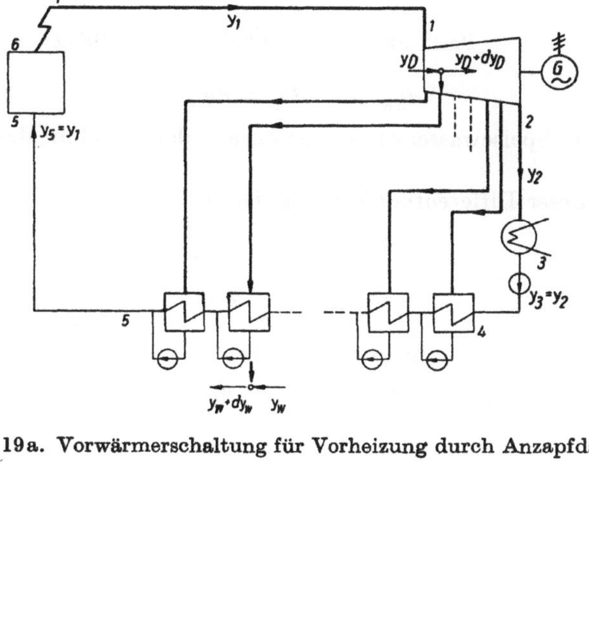

Abb. 19a. Vorwärmerschaltung für Vorheizung durch Anzapfdampf

reversibel. Praktisch wird jedoch die regenerative Vorwärmung des Speisewassers in der Weise durchgeführt, daß stufenweise ein Teil der Dampfmenge abgezweigt wird. Dieser Dampf gibt in Oberflächen- oder Mischvorwärmern seine Kondensations- und Überhitzungswärme bei konstantem Druck an das Speisewasser ab. Dabei nimmt die Menge des expandierenden Dampfstromes laufend ab. Unabhängig davon erfolgt die Expansion der Restmenge wie beim Clausius-Rankine-Prozeß entlang einer Isentropen. Jedoch läßt sich bei diesem Verfahren auch im Grenzfall unendlicher Stufenzahl eine reversible Regeneration nicht mehr durchführen; denn die isobare Abgabe der Überhitzungswärme findet stets bei Temperaturen statt, die um ein Endliches über den Speisewassertemperaturen der zugehörigen Vorwärmstufe liegen. Ein reversibler Verlauf wäre bei dieser Schaltung nur dann zu erreichen, wenn der überhitzte Anzapfdampf bei der Speisewassertemperatur entnommen und vor der Kondensation isotherm verdichtet würde. Ein solcher Prozeß hat natürlich keine technische Bedeutung, er stellt lediglich ein rechnerisches Modell dar. Die hier vorliegenden tatsächlichen Zustands- und Mengenänderungen des expandierenden Dampfes sind in Abb. 19, die zugehörige Schaltung in Abb. 19a, dargestellt. Dabei ist aber zu beachten, daß mit der Darstellung im T,s-Diagramm nur der Zustandsverlauf richtig wiedergegeben wird. Dagegen ist die mit Erreichen der Temperatur $t_5 = t_6$ einsetzende Mengenänderung des expandierenden Dampfes sowie des durch die Vorwärmsäule strömenden Speisewassers daraus nicht zu ersehen. Demzufolge gibt die von dem Kreisprozeß umschriebene Fläche *1234561* die Kreisprozeßarbeit nicht richtig wieder.

Der Zusammenhang zwischen Mengen- und Zustandsänderung des Dampfes während der regenerativen Vorwärmung ergibt sich aus folgender Überlegung:

Nach dem 2. Hauptsatz gilt für reversible Vorgänge innerhalb eines adiabaten Systems

$$\Sigma\, dS = 0\,,$$

d. h. die Entropieänderung des Speisewassers (Index W)

$$dS_W = d\,(y_W \cdot s_W) = y_W \cdot ds_W + s_W \cdot dy_W$$

und diejenige des Dampfes (Index D)

$$dS_D = d\,(y_D \cdot s_D) = s_D \cdot dy_D$$

(nach Voraussetzung ist $ds_D = 0$) müssen sich gerade aufheben. Einsetzen der beiden Ausdrücke in die vorstehende Entropiebedingung liefert

$$dS_W + dS_D = y_W \cdot ds_W + s_W\, dy_W + s_D \cdot dy_D = 0\,.$$

Weiter gilt für jede der infinitesimalen Regenerationsstufen nach Abb. 19a die folgende Mengenbilanz

$$y_D + y_W = (y_D + dy_D) + (y_W + dy_W)$$

oder

$$dy_W = -\,dy_D \equiv dy\,,$$

d. h. die Zunahme des Speisewasserstromes entspricht der Abnahme des Dampfstromes in der Turbine.

Die Integration dieser Differentialgleichung liefert

$$\int_{y_W}^{y_{W,5}} dy_W = -\int_{y_{D,1}}^{y_D} dy_D$$

oder

$$y_{W,5} - y_W = y_{D,1} - y_D\,.$$

Da $y_{W,5} = y_{D,1}$ ist, gilt an jeder Stelle der Vorwärmersäule

$$y_W = y_D \equiv y\,.$$

Damit läßt sich die obige Entropiebilanz auf die Form bringen

$$y \cdot ds_W - (s_D - s_W)\, dy = 0 .$$

Durch Integration folgt daraus schließlich als Regenerationsbedingung

$$y\,(s_D - s_W) = C .$$

Setzt man die Dampfmenge im Zustand *1* $y_1 = 1$, so ergibt sich für die Konstante C mit den Bezeichnungen nach Abb. 19

$$C = s_1 - s_5$$

und damit für die expandierende Dampfmenge an einer beliebigen Stelle

$$y = \frac{s_1 - s_5}{s_D - s_W} .$$

Auf Grund der vorausgesetzten Reversibilität sind die beiden in den Abbildungen 18a und 19a angegebenen Schaltungen zur regenerativen Speisewasservorwärmung thermodynamisch gleichwertig; denn für $y = \text{const} = 1$ gilt

$$s_D - s_W = s_1 - s_5 = \text{const}$$

in Übereinstimmung mit vorstehendem Ansatz.

Für die Aufstellung der Kreisprozeßcharakteristik ist neben Druck und Temperatur im Frischdampfzustand ein weiterer Parameter als Maß für die Regeneration erforderlich, die bis zu verschiedenen Vorwärmtemperaturen $T_{5'}$ getrieben werden kann. Zu diesem Zweck wird der Regenerationsgrad ϱ eingeführt und durch die Beziehung

$$\varrho = \frac{\Delta i}{\Delta i_{\max}} = \frac{i_{5'} - i_4}{i_5 - i_4}$$

definiert. Der Regenerationsgrad bewegt sich zwischen 0 und 1. Die beiden Grenzfälle sind der Clausius-Rankine-Prozeß mit $\varrho = 0$ und der vollständig regenerierte Prozeß mit $\varrho = 1$. Durch die Vorgabe eines bestimmten ϱ-Wertes ist der Punkt *5'*, d. h. die Vorwärmtemperatur, eindeutig festgelegt. Für den thermischen Wirkungsgrad und die Kreisprozeßarbeit gilt somit im vorliegenden Fall

$$\eta_{\text{th}} = f_1(p, t, \varrho)$$

und

$$l = f_2(p, t, \varrho)$$

oder nach Abb. 19

$$\eta_{\text{th}} = 1 - \frac{q_{\text{ab}}}{q_{\text{zu}}} = 1 - \frac{y_2\,(i_2 - i_3)}{i_1 - i_{5'}}$$

bzw. nach Einführung von ϱ

$$\eta_{\text{th}} = 1 - \frac{y_2\,(i_2 - i_3)}{i_1 - i_4 - \varrho\,(i_5 - i_4)}$$

und

$$l = i_1 - i_4 - \varrho\,(i_5 - i_4) - y_2\,(i_2 - i_3) .$$

Führt man

$$i_2 - i_3 = T_2\,(s_2 - s_3)$$

und

$$y_2 = \frac{s_1 - s_{5'}}{s_2 - s_3}$$

ein, so erhält man schließlich

$$\eta_{\text{th}} = 1 - \frac{T_2\,(s_1 - s_{5'})}{i_1 - i_4 - \varrho\,(i_5 - i_4)}$$

bzw.

$$l = i_1 - i_4 - \varrho\,(i_5 - i_4) - T_2\,(s_1 - s_{5'})\,.$$

Das sind in der Tat dieselben Beziehungen, die sich bei regenerativer Vorwärmung mit dem gesamten expandierenden Maschinendampf nach Abb. 18 ergeben.

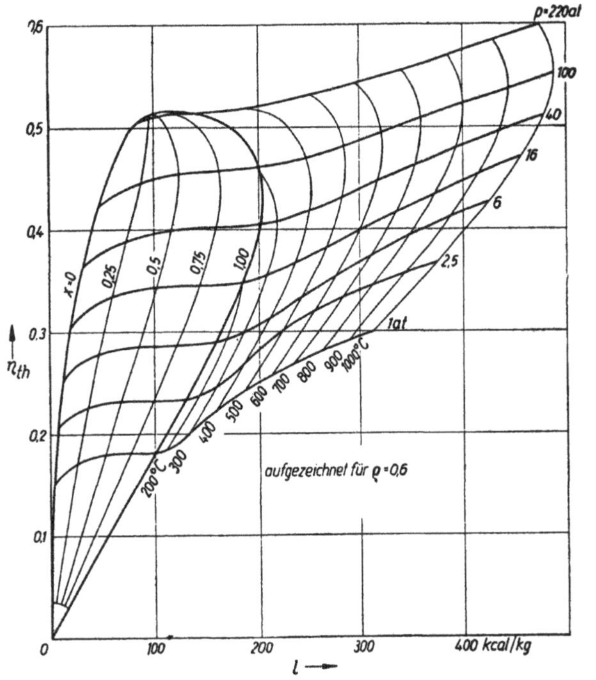

Abb. 20. Kreisprozeßcharakteristik des Regenerativprozesses für $\varrho = 0{,}6$

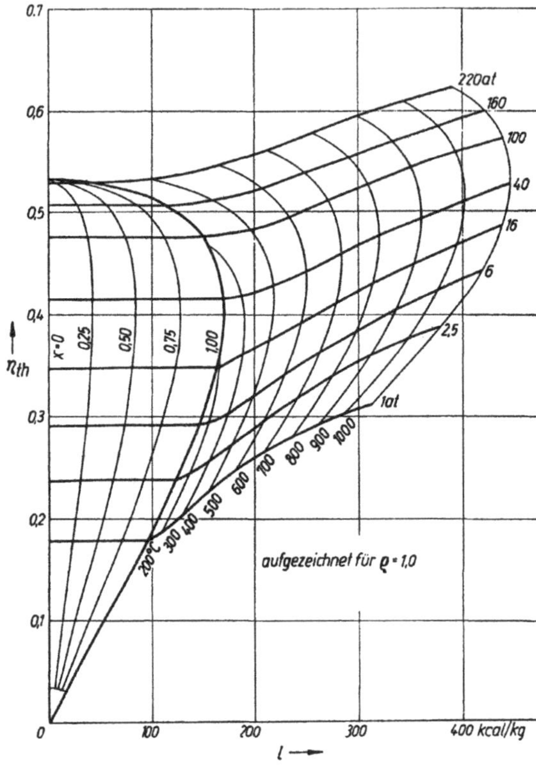

Abb. 21. Kreisprozeßcharakteristik des Regenerativprozesses für $\varrho = 1{,}0$

Der Kondensatordruck ist wieder mit $p_2 = p_3 = 0{,}05$ at festgelegt. Damit liegen mit den vorstehenden Gleichungen die Berechnungsunterlagen zur Aufstellung der Kreisprozeßcharakteristik vor. Wie bei der Zwischenüberhitzung müßte man hier die Darstellung auf Grund der drei unabhängigen Variablen dreidimensional ausführen. Die graphische Auswertung wird jedoch so vorgenommen, daß nur p und t variiert werden, während der Regenerationsgrad ϱ jeweils konstant bleibt. Zu jedem ϱ gehört dann eine bestimmte Charakteristik. Aus der Vielzahl der möglichen Darstellungen sind die Fälle $\varrho = 0{,}6$ und $1{,}0$ ausgewählt worden (Abbildungen 20 und 21). Sie reichen zur Diskussion der thermodynamischen Zusammenhänge aus, denn man kann aus ihnen den Einfluß der Regeneration auf den thermischen Wirkungsgrad und auf die Kreisprozeßarbeit ersehen. Während der thermische Wirkungsgrad infolge der Verlagerung der Wärmezufuhr zu höheren Temperaturen zunimmt, wird die Kreisprozeßarbeit kleiner, da ein Teil des noch arbeitsfähigen Dampfes abgezweigt und zur Vorwärmung des Speisewassers benutzt wird. Bei vollständiger Regeneration tritt eine Wirkungsgradverbesserung von durchschnittlich $\Delta\eta_{\text{th}} = 10$—$12$ v. H. im gesamten Zustandsbereich ein.

In Abb. 22 sind die Charakteristiken der Sattdampfprozesse für verschiedene Regenerationsgrade in einem räumlichen Diagramm dargestellt. Die Abbildung zeigt, daß die Anwendung der Regeneration im Bereich der unteren ϱ-Werte eine wesentliche Verbesserung des thermischen Wirkungsgrades gegenüber dem Prozeß mit $\varrho = 0$ bringt, die jedoch bei höheren ϱ-Werten allmählich abklingt. Demgegenüber nimmt die Kreisprozeßarbeit zunächst nur wenig ab, um dann bei höheren ϱ-Werten nahezu linear abzufallen.

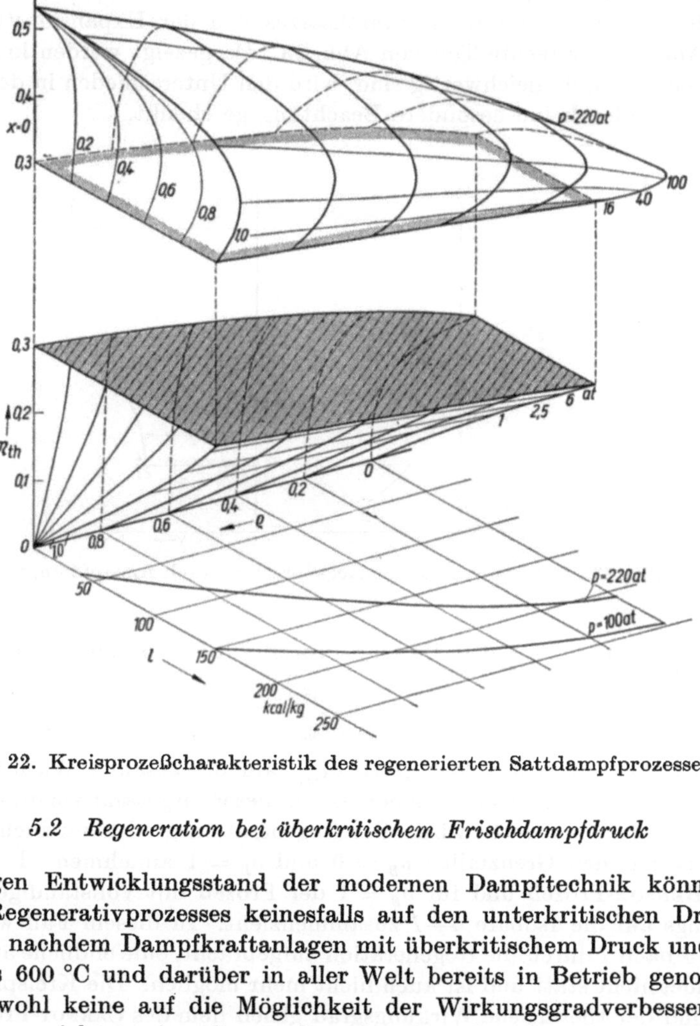

Abb. 22. Kreisprozeßcharakteristik des regenerierten Sattdampfprozesses

5.2 Regeneration bei überkritischem Frischdampfdruck

Beim derzeitigen Entwicklungsstand der modernen Dampftechnik können die Untersuchungen des Regenerativprozesses keinesfalls auf den unterkritischen Druckbereich beschränkt bleiben, nachdem Dampfkraftanlagen mit überkritischem Druck und Frischdampftemperaturen bis 600 °C und darüber in aller Welt bereits in Betrieb genommen wurden, und von denen wohl keine auf die Möglichkeit der Wirkungsgradverbesserung mit Hilfe der Regeneration verzichtet. Aus diesem Grunde sollen die folgenden Ausführungen diesen Anlagen gewidmet werden. Dabei soll zunächst die Frage nach der technisch sinnvollen Regenerationsgrenze diskutiert werden. Für unterkritischen Frischdampfdruck ergab sich diese Grenze bei der dem Kesseldruck entsprechenden Siedetemperatur. Geht man jedoch zu überkritischen Dampfkraftprozessen — den Bensonprozessen — über, so entfällt diese Grenze. Man könnte hier theoretisch die regenerative Speisewasservorwärmung bis zur Frischdampftemperatur treiben, da die isobare Wärmezufuhr von der flüssigen Phase kontinuierlich in den Dampfzustand führt. Eine willkürliche Begrenzung, z. B. die kritische Temperatur, läßt sich physikalisch nicht begründen.

Abb. 23 zeigt den überkritischen Dampfkraftprozeß im T,s-Diagramm. Er unterscheidet sich von der üblichen Darstellung des Clausius-Rankine-Prozesses durch den Fortfall des isotherm-isobaren Verdampfungsabschnittes und wird aus eben diesem Grunde auch als Benson-Prozeß bezeichnet. Infolge der Regeneration ergeben sich beim Benson-Prozeß grundsätzlich die gleichen Änderungen in der äußeren Wärmezufuhr und dem Expansionsverlauf wie beim Clausius-Rankine-Prozeß. Dabei gilt die gestrichelte Expansionslinie für die Regeneration mit dem gesamten Dampfstrom und die ausgezogene Linie für die Regeneration mit Anzapfdampf. Die zu der zuletzt genannten Schaltung gehörige Darstellung über die Abhängigkeit des Stoffdurchsatzes von der Expansionstemperatur zeigt in Analogie zu Abb. 19 der rechte Teil von Abb. 23. Da gezeigt werden konnte, daß beide Verfahren thermodynamisch gleichwertig sind, wird den Unterschieden in der Schaltung wie bisher auch im folgenden keine besondere Beachtung geschenkt.

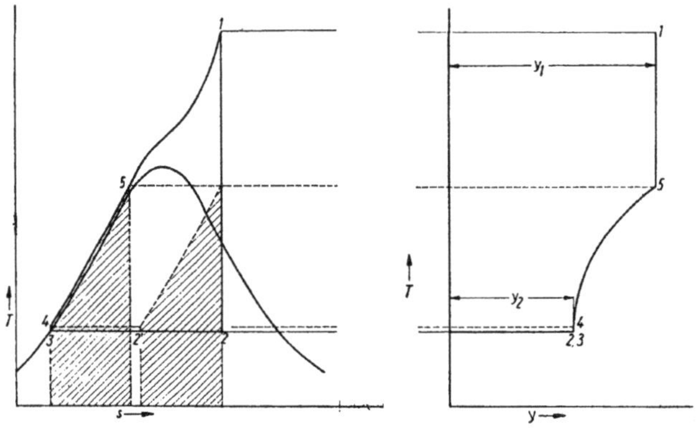

Abb. 23. Benson-Prozeß mit Regeneration durch Anzapfdampf

Als Regenerationsgrad ϱ_B für den Benson-Prozeß wird ebenfalls wieder das Verhältnis

$$\varrho_B = \frac{\Delta i}{\Delta i_{\max}}$$

eingeführt. Dabei bezieht sich jedoch jetzt $\Delta i_{\max}$ auf die gesamte Wärmezufuhr bis zum Frischdampfzustand und ϱ_B gibt an, welcher Anteil dieser insgesamt zuzuführenden Wärmemenge durch Regeneration gedeckt wird. Der Regenerationsgrad kann auch hier wieder alle Zahlenwerte zwischen den Grenzfällen $\varrho_B = 0$ und $\varrho_B = 1$ annehmen. Für $\varrho_B = 0$ ergibt sich der reine Benson-Prozeß und für $\varrho_B = 1$ der Prozeß mit vollständiger Regeneration, der sich allerdings auf die Isobare *4*—*1* zusammenzieht. In diesem Fall wird die gesamte Heizwärme von *4* nach *1* durch die Regeneration aufgebracht, eine endliche äußere Wärmezu- oder -abfuhr findet nicht statt und ist auch nicht mehr möglich. Die Kreisprozeßarbeit wird damit zu Null und der thermische Wirkungsgrad gleich dem des Carnot-Prozesses zwischen den gleichen Grenztemperaturen, bei denen theoretisch der Wärmeaustausch erfolgen müßte.

Mit den Bezeichnungen nach Abb. 23 ergeben sich in Analogie zu dem regenerierten Clausius-Rankine-Prozeß für den thermischen Wirkungsgrad und die Kreisprozeßarbeit des regenerierten Benson-Prozesses die Beziehungen

$$\eta_{\text{th}} = 1 - \frac{T_2\,(s_1 - s_5)}{i_1 - i_4 - \varrho_B\,(i_1 - i_4)}$$

sowie

$$l = i_1 - i_4 - \varrho_B\,(i_1 - i_4) - T_2\,(s_1 - s_5).$$

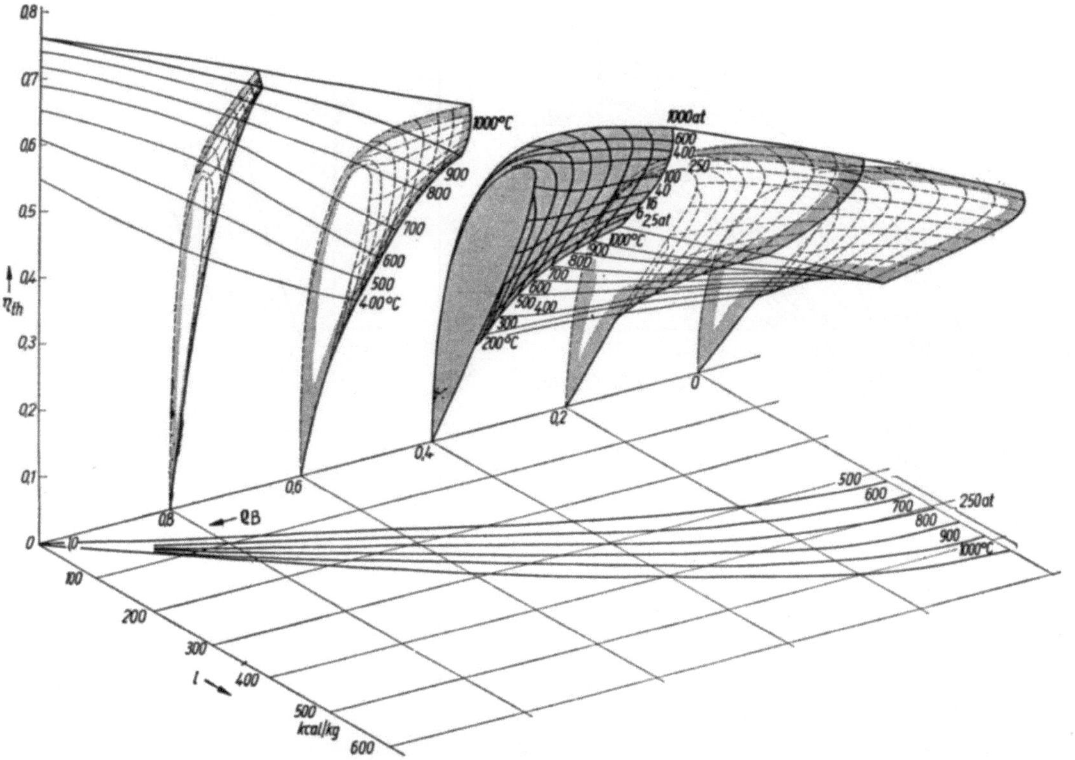

Abb. 24. Kreisprozeßcharakteristik des Regenerativprozesses in dreidimensionaler Darstellung

Wird der Kondensatordruck wieder mit $p_2 = p_3 = 0{,}05$ at festgelegt, so lassen sich bei Vorgabe von p, t und ϱ_B nach den vorstehenden Beziehungen η_{th} und l eindeutig bestimmen. Die graphische Auswertung führt wieder zu einer dreidimensionalen Darstellung (Abb. 24). Der Vollständigkeit halber ist der ganze Zustandsbereich aufgenommen worden, wenn auch ϱ_B für unterkritische Drücke als Regenerationsgrad nicht so sinnvoll ist wie der vorher eingeführte Regenerationsgrad ϱ.

Aus diesem Grunde sind in Abb. 25, die die Kreisprozeßcharakteristik für den regenerierten Benson-Prozeß mit $\varrho_B = 0{,}4$ zeigt, zur Orientierung auch Linien $\varrho = \text{const}$ gemäß der früheren Definition beim regenerierten Clausius-Rankine-Prozeß eingezeichnet.

Die Charakteristik zeigt wieder die Notwendigkeit einer sinnvollen Zuordnung von Druck und Temperatur im Frischdampfzustand sowie die Verbesserung des thermischen Wirkungsgrades und die Abnahme der Kreisprozeßarbeit infolge der Regeneration. Bedingt durch die Definition von ϱ_B ergibt sich dabei für den Prozeß mit vollständiger Regeneration ($\varrho_B = 1$) als rechnerischer Grenzfall der Carnot-Wirkungsgrad. Gleichzeitig verschwindet jedoch die Kreisprozeßarbeit, so daß der zugehörige Charakteristikenpunkt auf der Ordinatenachse liegt. Diese Zusammenhänge sind in Abb. 26, die für eine konstante Frischdampftemperatur von $t = 600$ °C aufgezeichnet ist, noch einmal besonders hervorgehoben. Da durch die Regeneration neben der Wirkungsgradverbesserung eine Verminderung der Kreisprozeßarbeit eintritt, kann nur eine genaue Wirtschaftlichkeitsrechnung über die optimale Auslegung entscheiden. Dabei ist die Einsparung an Kosten infolge des geringeren Wärmeverbrauches dem zusätzlichen Kostenaufwand für die Vorwärmer und den höheren Dampfdurchsatz gegenüberzustellen. Die Voraussetzungen zu derartigen Wirtschaftlichkeitsüberlegungen sind durch die hier dargestellten thermodynamischen Zusammenhänge gegeben.

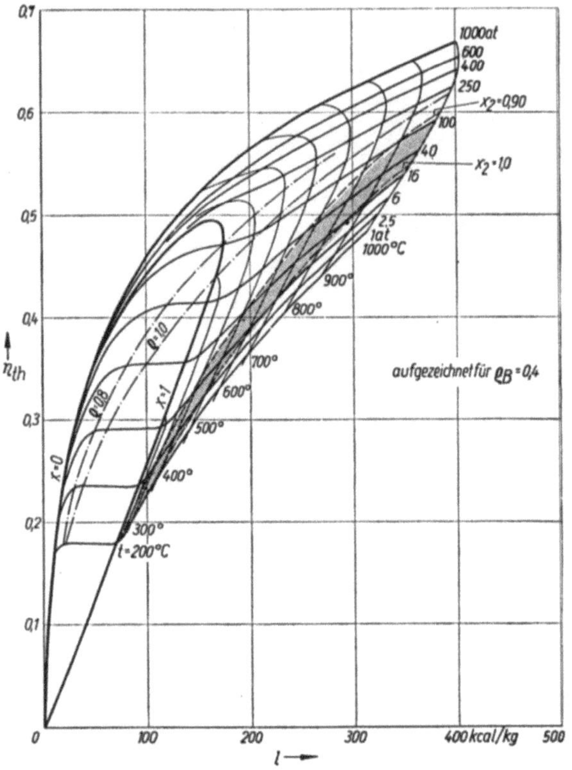

Abb. 25. Kreisprozeßcharakteristik des Regenerativprozesses für $\varrho_B = 0{,}4$

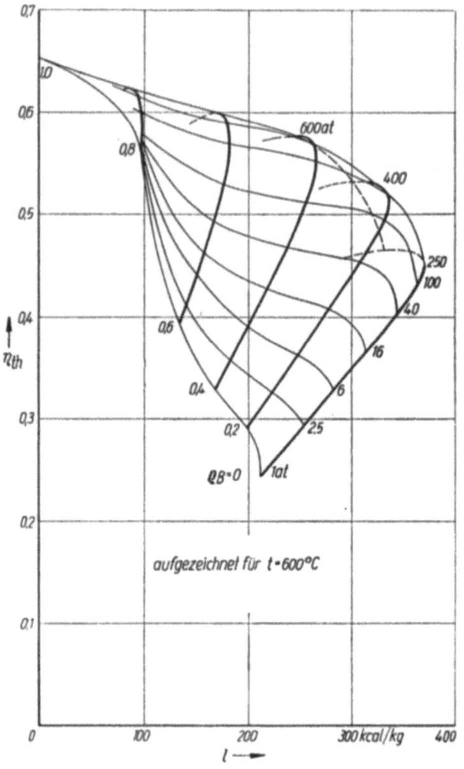

Abb. 26. Kreisprozeßcharakteristik des Regenerativprozesses für $t = 600$ °C

6. Kombination von Zwischenüberhitzung und Regeneration

Der regenerierte Dampfkraftprozeß hat hinsichtlich seiner technischen Verwirklichung den Nachteil, daß insbesondere im Optimalbereich die Abdampffeuchte unzulässig hohe Werte annimmt. Dies ist in den Charakteristiken an Hand der eingezeichneten x-Linien leicht zu ersehen. Auf diesen Sachverhalt wurde auch schon bei der Betrachtung des einfachen Clausius-Rankine-Prozesses hingewiesen, für den das gleiche gilt. Die wirksamste Maßnahme, den Abdampfzustand in Gebiete höheren Dampfgehaltes zu verlagern, ist die Anwendung der Zwischenüberhitzung.

Im folgenden soll deshalb noch der Dampfkraftprozeß mit Regeneration und Zwischenüberhitzung untersucht werden. Beide Maßnahmen ergänzen sich in vorteilhafter Weise. Einmal führt die Zwischenüberhitzung ebenso wie die Regeneration zu einer Wirkungsgradverbesserung und zum anderen wirkt die Zwischenüberhitzung der Abnahme der Kreisprozeßarbeit infolge der Regeneration entgegen und verlagert den Expansionsendpunkt in den Bereich geringer Dampfnässe.

Der Dampfkraftprozeß mit Zwischenüberhitzung und Regeneration kann deshalb vom rein thermodynamischen Standpunkt als der für Dampfkraftanlagen vorteilhafteste Vergleichsprozeß bezeichnet werden. Um die thermodynamischen Zusammenhänge zu beleuchten, soll der in Abb. 27 dargestellte Prozeß an Hand der Kreisprozeßcharakteristik näher betrachtet werden. Durch die eingeführten Maßnahmen ändert sich gegenüber dem ursprünglichen Clausius-Rankine- bzw. Benson-Prozeß sowohl die äußere Wärmezufuhr als auch der Expansionsverlauf. Infolge Regeneration und Zwischenüberhitzung erfolgt die Wärmezufuhr jetzt entlang des Isobarenabschnittes *6—1* und entlang der Isothermen *1—2*. Die mittlere Temperatur der Wärmezufuhr liegt dabei stets höher als bei der isobaren Wärmezufuhr *5—1*. Der Expansionsverlauf zerfällt in die Isotherme *1—2* und die Adiabate *2—3*.

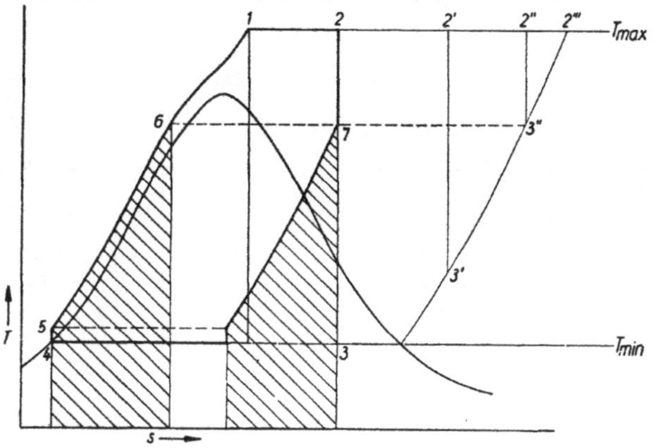

Abb. 27. Dampfkraftprozeß mit Zwischenüberhitzung und Regeneration

Thermischer Wirkungsgrad und Kreisprozeßarbeit werden für diesen Prozeß durch die beiden Funktionen

$$\eta_{th} = f_1(p, t, \varrho_B, \zeta)$$

und

$$l = f_2(p, t, \varrho_B, \zeta)$$

beschrieben. Mit den Bezeichnungen in Abb. 27 erhält man dafür

$$l = q_{zu} - q_{ab} = i_1 - i_6 + T_1 (s_2 - s_1) - T_4 (s_2 - s_6)$$

oder mit

$$\varrho_B = \frac{i_6 - i_5}{i_1 - i_5}$$

und

$$\zeta = \frac{s_2 - s_1}{s_{2'''} - s_1}$$

$$l = (i_1 - i_5)(1 - \varrho_B) + T_1 \cdot \zeta (s_{2'''} - s_1) - T_4 [\zeta (s_{2'''} - s_1) + s_1 - s_6].$$

Entsprechend ergibt sich für den thermischen Wirkungsgrad

$$\eta_{th} = 1 - \frac{T_4 [\zeta (s_{2'''} - s_1) + s_1 - s_6]}{(i_1 - i_5)(1 - \varrho_B) + T_1 \cdot \zeta (s_{2'''} - s_1)}.$$

Der Kondensatordruck wird wiederum mit $p_3 = p_4 = 0{,}05$ at festgesetzt. Damit sind alle in den vorstehenden Gleichungen auftretenden Größen durch p, t, ζ und ϱ_B festgelegt, und die zur Aufstellung der Kreisprozeßcharakteristik für den Regenerativprozeß mit Zwischenüberhitzung erforderlichen rechnerischen Grundlagen liegen damit vor. Neben p und t treten darin noch ϱ_B und ζ als Parameter auf. Zur Unterbringung aller vier unabhängigen Variablen wäre eine vierdimensionale Darstellung erforderlich, die sich jedoch nicht ausführen läßt. Die zeichnerische Auswertung wird deshalb so vorgenommen, daß für ein Diagramm stets zwei Variable konstant gehalten werden. Die Auswahl der festgehaltenen Parameter wird dabei so getroffen, daß die wesentlichen Einflüsse diskutiert werden können.

Abb. 28 und 29 zeigen den Einfluß der Zwischenüberhitzung bei konstanter Frischdampftemperatur und konstantem Regenerationsgrad. Daraus ist zu entnehmen, wie stark ζ bei konstantem Frischdampfzustand den thermischen Wirkungsgrad beeinflußt. Solange eine Erhöhung von ζ nur die Mitteltemperatur der Wärmezufuhr anhebt, steigt der thermische Wirkungsgrad an. Wird der Abdampfzustand jedoch in das Heißdampfgebiet verlagert, so daß eine Zunahme der Mitteltemperatur bei der Wärmeabfuhr eintritt, dann fällt der

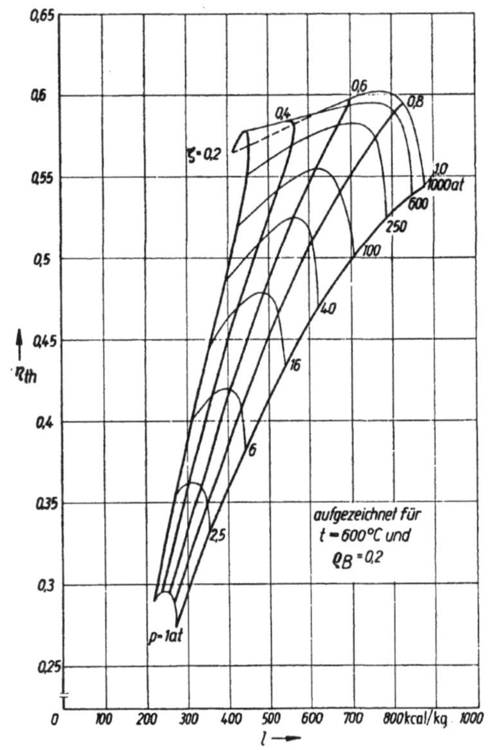

Abb. 28. Kreisprozeßcharakteristik des Regenerativprozesses mit Zwischenüberhitzung für $\varrho_B = 0{,}2$ und $t = 600$ °C

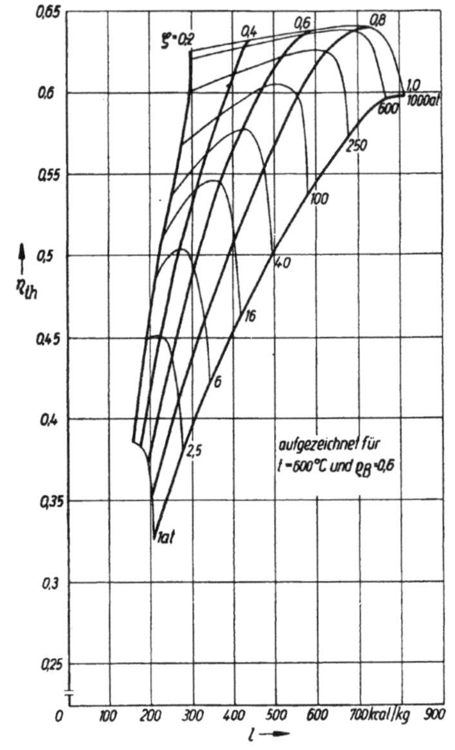

Abb. 29. Kreisprozeßcharakteristik des Regenerativprozesses mit Zwischenüberhitzung für $\varrho_B = 0{,}6$ und $t = 600$ °C

thermische Wirkungsgrad nach Durchlaufen eines Maximums wieder steil ab. Die Druckerhöhung, die sich bei geringer Zwischenüberhitzung im wesentlichen auf den Wirkungsgrad auswirkt, führt bei höheren ζ-Werten immer mehr auch zu einem Anstieg der Kreisprozeßarbeit. Infolgedessen erfährt der Verlauf der ζ-Linien eine starke Veränderung mit zunehmender Zwischenüberhitzung. Da diese Zusammenhänge schon bei der Betrachtung der reinen Zwischenüberhitzung auftraten, sei hier vor allem auf die Auswirkung der Regeneration hingewiesen.

In Abb. 30 sind t und ζ konstant gehalten. Daraus ist deutlich zu ersehen, daß mit zunehmender Anwendung der Regeneration eine starke Wirkungsgradverbesserung eintritt, die schließlich bei $\varrho_B = 1$ zur Erreichung des CARNOT-Wirkungsgrades führt. Das ist dadurch begründet, daß bei vollständiger Regeneration Wärme nur bei den beiden Grenztemperaturen $T_{max} = T_1$ und $T_{min} = T_4$ übertragen werden würde.

In Abb. 31 wird die Charakteristik für $\varrho_B = 1$ und $p = 100$ at und in Abb. 32 für $\varrho_B = 1$ und $\zeta = 1$ dargestellt. Man ersieht daraus, daß bei $\varrho_B = 1$, wie schon gesagt, der thermische Wirkungsgrad nur noch von der Temperatur, aber nicht mehr vom Druck abhängt. Bei $t = \text{const}$ kommt eine Druckerhöhung ausschließlich der Steigerung der Kreisprozeßarbeit zugute. Die Darstellung nach Abb. 32 kann mit der Charakteristik des Ackeret-Keller-Prozesses verglichen werden (Abb. 33), der zwischen zwei Isothermen und zwei Isobaren sowie mit vollständiger Regeneration arbeitet. Demzufolge ist der thermische Wirkungsgrad bei dem gleichen maximalen Temperaturverhältnis bei beiden Prozessen der gleiche und identisch mit dem des Carnot-Prozesses.

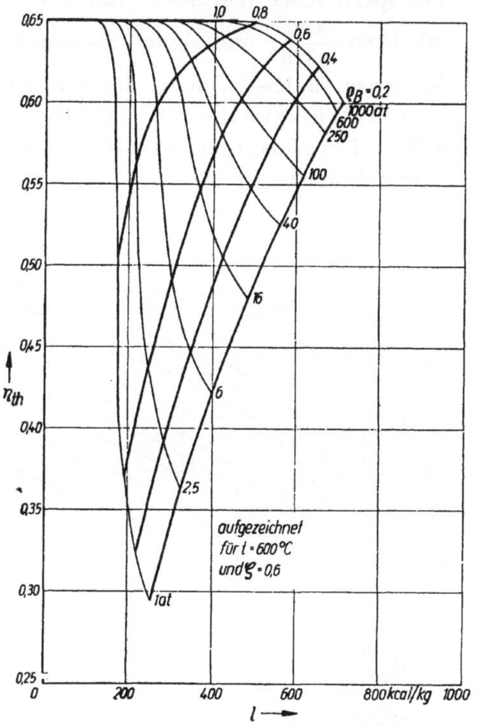

Abb. 30. Kreisprozeßcharakteristik des Regenerativprozesses mit Zwischenüberhitzung für $\zeta = 0,6$ und $t = 600$ °C

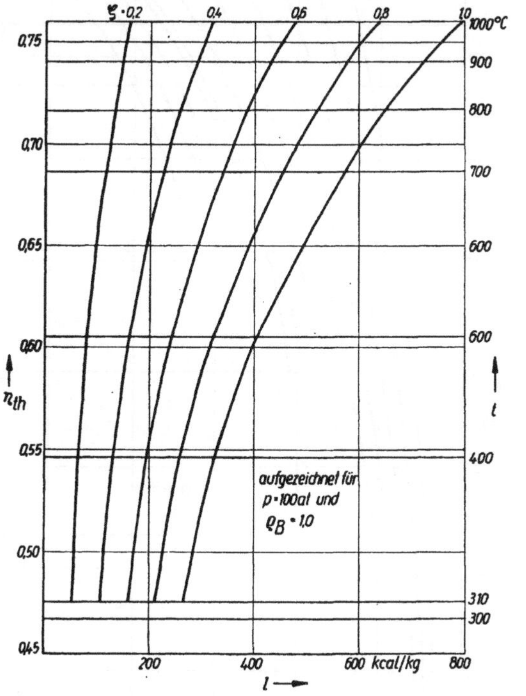

Abb. 31. Kreisprozeßcharakteristik des Regenerativprozesses mit Zwischenüberhitzung für $\varrho_B = 1$ und $p = 100$ at

Notwendig ist dabei nur, daß die Regeneration auch für diesen Grenzfall in allen ihren Teilen voraussetzungsgemäß reversibel verläuft. Das bedeutet, daß das maximale Temperaturgefälle, ausgehend vom Zustandspunkt 2''' durch eine zur Isobaren *1—5* äquidistante Zustandsänderung überbrückt werden müßte. Die Isobare $p_{2'''} = p_{\min}$ erfüllt diese Forderung nur näherungsweise; denn lediglich beim idealen Gas sind die Isobaren im T,s-Diagramm äquidistante Linien. Der Dampfkraftprozeß mit $\varrho_B = \zeta = 1$ ist dem Ackeret-Keller-Prozeß sowie dem Carnot-Prozeß insofern aber überlegen, als beim Dampfkraftprozeß für die gleiche Kreisprozeßarbeit kleinere maximale Druckverhältnisse erforderlich sind als beim Ackeret-Keller-Prozeß und beim Carnot-Prozeß. Der Verlauf der Isobaren in Abb. 32 und 33 ist beim Ackeret-Keller- und beim Dampfkraftprozeß qualitativ derselbe, er entspricht einer Exponentialfunktion. Die Asymptote für alle Isobaren liegt infolgedessen bei $\eta_{th} = 1$ d. h. bei τ bzw. $t = \infty$ und l bzw. $\lambda = \infty$.

Diskutiert man den Dampfkraftprozeß in dieser Form, d.h. unter Berücksichtigung aller nur denkbaren thermodynamischen Verbesserungen, so überschaut man die Verhältnisse von allgemeinster Warte. Gibt man sich hinsichtlich Druck und Temperatur die technischen Grenzen vor, dann sieht man, daß durch die Temperatur der thermische Wirkungsgrad und durch den Druck die Kreisprozeßarbeit begrenzt wird. Infolgedessen könnte bei Ausnutzung aller wärmetechnisch möglichen Maßnahmen unter den z. Zt. gegebenen technischen Grenzen ($t \approx 650°$, $p \approx$ 400 at) ein maximaler thermischer Wirkungsgrad von etwa 67 v. H., (d. h. ein spezifischer Wärmeverbrauch von rd. 1280 $\frac{\text{kcal}}{\text{kWh}}$) und eine maximale Kreisprozeßarbeit von ca. 650 kcal/kg = 0,75 kWh/kg im theoretischen Grenzfall bei verlustloser Prozeßführung erreicht werden.

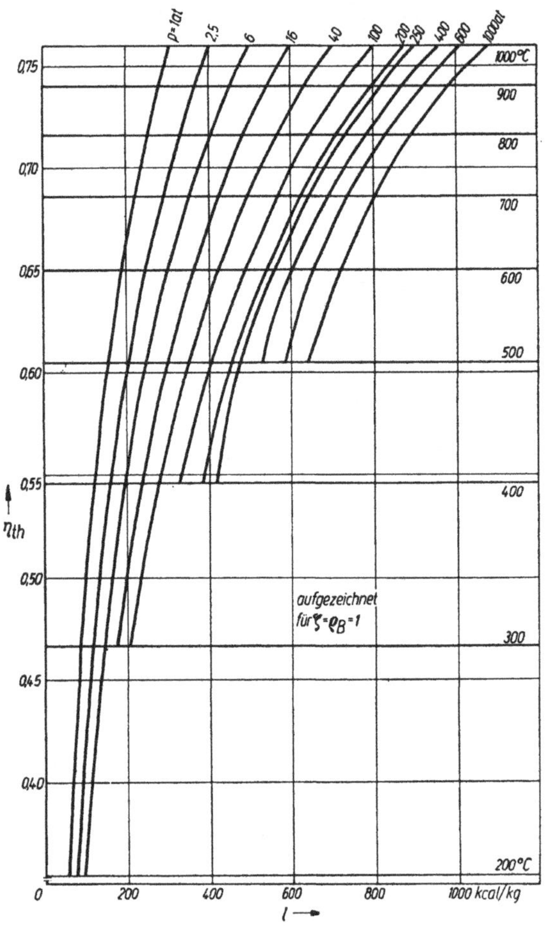

Abb. 32. Kreisprozeßcharakteristik des Regenerativprozesses mit Zwischenüberhitzung für $\zeta = \varrho_B = 1$

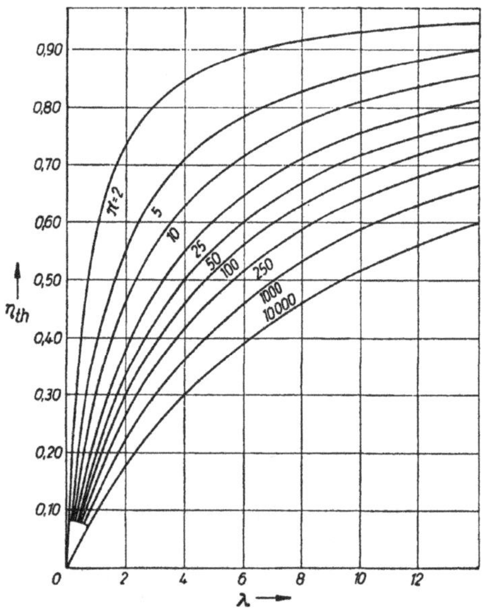

Abb. 33. Kreisprozeßcharakteristik des ACKERET-KELLER-Prozesses. Arbeitsmittel: Ideales Gas

Die praktische Durchführung der vollständigen Regeneration und Zwischenüberhitzung erfordert natürlich einen erheblichen technischen Aufwand und stößt insbesondere bei der Verwirklichung der Isothermen auf Schwierigkeiten. Für die Regeneration sind Wärmeaustauscher erforderlich, in denen das unter hohem, ggf. sogar überkritischem Druck stehende Speisewasser durch Dampf aufgeheizt wird, der sich selbst infolge der vorangegangenen Expansion im Bereich des Kondensatordrucks befindet. Solche Wärmeaustauscher würden demzufolge einen hohen Aufwand erfordern. Hier kann also erst nach einer genauen Wirtschaftlichkeitsrechnung die technisch sinnvolle Grenze gezogen werden. Von thermodynamischer Seite sind dazu alle erforderlichen Voraussetzungen gegeben.

Ein wesentlicher Punkt bleibt jedoch noch offen: Mit der Verlagerung der Wärmezufuhr an das Arbeitsmittel zu immer höheren Temperaturen entsteht die Forderung einer möglichst isotherm geführten Verbrennung. Die technische Verwirklichung könnte nur so aussehen, daß alle Verbrennungsteilnehmer erst auf Verbrennungstemperatur erwärmt werden, bevor sie in den Feuerraum gelangen. D. h. auch für den Heizmittelkreislauf muß die Regeneration (sprich: Luftvorwärmung) immer stärker angewandt werden, wenn die Mitteltemperatur der Wärmezufuhr an das Arbeitsmittel erhöht wird.

7. Exergetischer Wirkungsgrad

Die vorstehenden Ausführungen lassen erkennen, daß eine Beurteilung des Dampfkraftprozesses mit Hilfe der sehr anschaulichen Definition des thermischen Wirkungsgrades ohne weiteres möglich ist. Alle Maßnahmen, die eine Verbesserung des Prozesses bedeuten, konnten damit physikalisch sauber interpretiert werden. Trotzdem kann diese Darstellung thermodynamisch nicht vollständig befriedigen. Das liegt daran, daß sie zwar das Wirken des zweiten Hauptsatzes erkennen läßt — z. B. daß der thermische Wirkungsgrad niemals Eins werden kann —, daß sie aber seine Aussagen selbst nicht in die Betrachtungen einbezieht. Es ist doch eine unbefriedigende Feststellung, per definitione sogar ein Widerspruch, daß selbst bei vollkommen reversibler Prozeßführung der Wirkungsgrad stets kleiner als eins ist. Das erweckt den Anschein, als arbeite der Prozeß mit Verlusten, was in Wirklichkeit gar nicht der Fall ist, da ja in allen Teilen vollkommene Reversibilität vorausgesetzt ist. Während Arbeitsverluste innerhalb des Kreisprozesses durch eine Verminderung der Kreisprozeßarbeit in Erscheinung treten, bleiben Energieabwertungen, d. h. qualitative Energieminderungen- z. B. infolge der Wärmeübertragung, bei der rein kalorischen Betrachtungsweise unberücksichtigt. Um eine thermodynamisch umfassende Beurteilung des Gesamtprozesses geben zu können, muß demnach die klassische Wirkungsgraddefinition für die Kennzeichnung von Kreisprozessen verfeinert werden. Im folgenden wird gezeigt, daß man dabei aber auf die Aussagen des thermischen Wirkungsgrades weitgehend zurückgreifen kann.

Für die weitere Betrachtung wird demgemäß von den Bilanzen der arbeitsfähigen Energiebeträge ausgegangen, um der gestellten Forderung nach einer sinnvollen Wirkungsgraddefinition gerecht zu werden.

Zu einer Dampfkraftanlage gehören normalerweise drei Systeme: die Heizanlage, die eigentliche Kraftanlage und die Kühlanlage. In Abb. 34 sind diese drei Systeme in ihrer gegenseitigen Bindung mit den zugehörigen Exergieströmen schematisch dargestellt. Dem System I (Heizanlage) wird die Exergie der

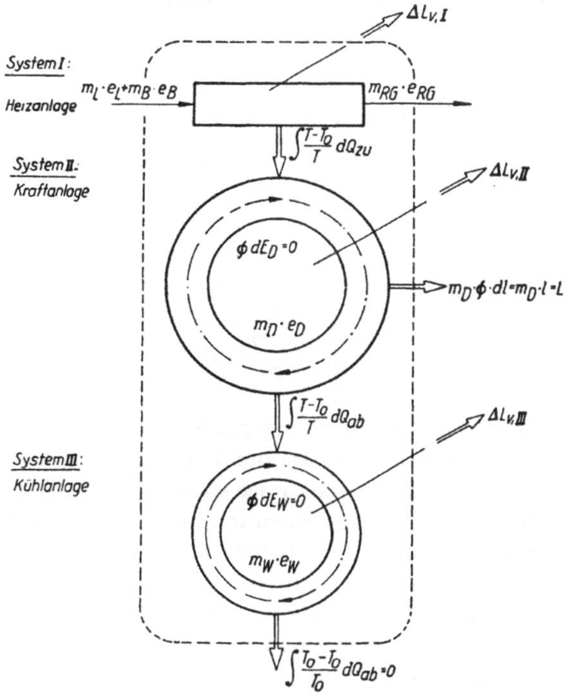

Abb. 34. Zur Aufstellung der Exergiebilanz einer Dampfkraftanlage

Luft und des Brennstoffes zugeführt. Davon wird ein Teil an die Umgebung über die Rauchgase abgegeben, der weit größere Anteil jedoch in Form von arbeitsfähiger Wärmeenergie dem System II, d. h. der Kraftanlage, über die Heizflächen des Dampferzeugers zur Verfügung gestellt. $\Delta L_{V,\mathrm{I}}$ stellt hierbei den auftretenden Exergieverlust dar. Die vom System II empfangene arbeitsfähige Wärmeenergie dient zum Teil der Erzeugung der mechanischen Arbeit L, während der Rest, abgesehen von den Verlusten $\Delta L_{V,\mathrm{II}}$, als Abwärme vom System III — d. h. der Kühlanlage — aufgenommen wird. Unter der Voraussetzung, daß die Kühlanlage die Abwärme bei der Temperatur der Umgebung abführt, hat dieser Exergiestrom den Wert Null und es tritt im System III demnach nur das Verlustglied $\Delta L_{V,\mathrm{III}}$ als Exergieabfluß auf.

Denken wir uns um jedes der drei Systeme eine Bilanzhülle gelegt, so lassen sich mit den Bezeichnungen der Abbildung die folgenden drei Exergiebilanzen anschreiben:

System I
$$m_L \cdot e_L + m_B \cdot e_B = m_{RG} \cdot e_{RG} + \int \frac{T - T_0}{T}\, dQ_{\mathrm{zu}} + \Delta L_{V,\mathrm{I}}\,,$$

System II
$$\int \frac{T - T_0}{T}\, dQ_{\mathrm{zu}} = m_D \oint dl + \int \frac{T - T_0}{T}\, dQ_{\mathrm{ab}} + \Delta L_{V,\mathrm{II}}\,,$$

System III
$$\int \frac{T - T_0}{T}\, dQ_{\mathrm{ab}} = \Delta L_{V,\mathrm{III}}\,.$$

Da die Exergie bei gegebener Umgebungstemperatur die Eigenschaften einer Zustandsgröße besitzt, sind die in diesen Bilanzen auftretenden zyklisch geschlossenen Exergieänderungen des Arbeitsmittels sowie des Kühlwassers gleich Null gesetzt worden.

Anhand dieser drei aufgeführten Bilanzgleichungen lassen sich nach Fratzscher [7] die folgenden exergetischen Wirkungsgrade definieren

$$\eta_{\mathrm{I}} = \frac{\int \frac{T - T_0}{T}\, dQ_{\mathrm{zu}}}{m_L \cdot e_L + m_B \cdot e_B - m_{RG} \cdot e_{RG}} = 1 - \frac{\Delta L_{V,\mathrm{I}}}{m_L \cdot e_L + m_B \cdot e_B - m_{RG} \cdot e_{RG}}\,,$$

$$\eta_{\mathrm{II}} = \frac{m_D \cdot l}{\int \frac{T - T_0}{T}\, dQ_{\mathrm{zu}} - \int \frac{T - T_0}{T}\, dQ_{\mathrm{ab}}} = 1 - \frac{\Delta L_{V,\mathrm{II}}}{\int \frac{T - T_0}{T}\, dQ_{\mathrm{zu}} - \int \frac{T - T_0}{T}\, dQ_{\mathrm{ab}}}\,,$$

$$\eta_{\mathrm{III}} = \frac{\int \frac{T_0 - T_0}{T_0}\, dQ_{\mathrm{ab}}}{\int \frac{T - T_0}{T}\, dQ_{\mathrm{ab}}} = 0\,.$$

Jeder dieser drei Wirkungsgrade stellt inhaltlich das Verhältnis der genutzten Exergie zum Exergieaufwand dar. Da der Vorgang der Verbrennung von Natur aus stets ein irreversibler Prozeß ist, ist normalerweise stets $\eta_{\mathrm{I}} < 1$. Geht man davon aus, daß das Arbeitsmittel innerhalb der Kraftanlage einen in allen Teilen reversiblen Kreisprozeß ausführt, so ist $\eta_{\mathrm{II}} = 1$.

Da das System III lediglich die Aufgabe hat, die anfallende Abwärme des Systems II weiter an die Umgebung abzuführen und diese Wärmeabfuhr voraussetzungsgemäß bei Umgebungstemperatur stattfindet, ist sein exergetischer Wirkungsgrad definitionsgemäß gleich Null, d. h. ein thermodynamischer Nutzen im oben verstandenen Sinn ist beim System III nicht vorhanden. Diese Feststellung ist unabhängig von der Größe des Verlustgliedes $\Delta L_{V,\mathrm{III}}$, das um so kleiner ist, bei je geringeren Temperaturdifferenzen Kondensator und Rückkühlwerk arbeiten.

Während die Verminderung von $\Delta L_{V,III}$ noch ohne allzugroßen technischen Aufwand möglich ist, ist eine wirksame Verkleinerung der exergetischen Verluste in der Heizanlage praktisch kaum zu erreichen, da der Vorgang der technischen Verbrennung von Natur aus im wesentlichen nichtumkehrbar abläuft.

Um von den Teilwirkungsgraden zum exergetischen Gesamtwirkungsgrad der Dampfkraftanlage zu kommen, muß man sich die drei Systeme durch eine gemeinsame Bilanzhülle zusammengefaßt denken. Die Bilanzgleichung für dieses gekoppelte System ergibt sich durch formale Addition der Einzelbilanzen. Mit den Bezeichnungen nach Abb. 34 erhält man hierfür die folgende Beziehung:

$$m_L \cdot e_L + m_B \cdot e_B - m_{RG} \cdot e_{RG} = m_D \cdot l + \Delta L_{V,I} + \Delta L_{V,II} + \Delta L_{V,III} .$$

Die zwischen den einzelnen Systemen ausgetauschten Exergiebeträge sind aus dieser Bilanz herausgefallen.

Setzt man in erster Näherung die mit der Verbrennungsluft zugeführte Exergie $m_L \cdot e_L \approx 0$ und beachtet man weiter, daß es sich bei der mit dem Brennstoff zugeführten Exergie im wesentlichen um chemisch gebundene Arbeitsfähigkeit handelt, so daß $m_B \cdot e_B \approx m_B \cdot l_{\max_0}$ gesetzt werden kann mit $l_{\max_0}$ als der maximalen Arbeit des Brennstoffes, so läßt sich die vorstehende Gleichung auf die einfache Form bringen

$$m_B \cdot l_{\max_0} = m_D \cdot l + \Delta L_{V,I} + \Delta L_{V,II} + \Delta L_{V,III} + m_{RG} \cdot e_{RG}$$

oder wenn man den Exergiestrom der Abgase ebenfalls als Verlustglied betrachtet und zu den übrigen Verlusten der Gesamtanlage hinzuschlägt

$$m_B \cdot l_{\max_0} = m_D \cdot l + \Sigma \Delta L_V .$$

Anhand dieser Gleichung ergibt sich für den exergetischen Wirkungsgrad der Gesamtanlage der Ansatz

$$\eta = \frac{m_D \cdot l}{m_B \cdot l_{\max_0}} = 1 - \frac{\Sigma \Delta L_V}{m_B \cdot l_{\max_0}} .$$

η wird gleich eins für $\Sigma \Delta L_V = 0$, d. h. alle Teilvorgänge müssen reversibel ablaufen und die Exergie der Abgase muß vollständig ausgenutzt werden.

Die vorstehende Gleichung läßt sich noch weiter umformen, wenn man sie mit der nachstehenden, für die Heizfläche des Dampferzeugers gültigen Wärmebilanz

$$m_D \cdot q_{zu} = m_B \cdot \Delta i_{RG}$$

verknüpft.

Darin bedeuten

q_{zu} die dem Arbeitsmittel zugeführte Wärmemenge,

Δi_{RG} die vom Rauchgas je kg Brennstoff entlang der Heizfläche des Dampferzeugers abgegebene Wärmemenge.

Die Zusammenfassung beider Gleichungen liefert

$$\eta = \frac{l \cdot \Delta i_{RG}}{q_{zu} \cdot l_{\max_0}}$$

oder mit

$$\frac{l}{q_{zu}} = \eta_{th} , \qquad \eta = \eta_{th} \cdot \frac{\Delta i_{RG}}{l_{\max_0}} .$$

Damit ist gezeigt, daß der exergetische Gesamtwirkungsgrad einer Dampfkraftanlage in einfacher Weise mit ihrem thermischen Wirkungsgrad zusammenhängt. Beide Wirkungsgrade sind einander proportional. Als Proportionalitätsfaktor tritt dabei das Verhältnis der ausgenutzten Rauchgasenthalpie zur maximalen Brennstoffarbeit auf. Dieses Verhältnis liegt etwa in der Größenordnung des kalorischen Kesselwirkungsgrades, wenn man diesen auf den oberen Heizwert des Brennstoffes bezieht, der sich bei den üblichen Brennstoffen im allgemeinen nur wenig von der maximalen Arbeit des Brennstoffes unterscheidet. Im Durchschnitt gilt etwa

$$\frac{l_{\max_0}}{H_0} \approx 0{,}98 .$$

Um neben dem mathematischen auch den *physikalischen* Zusammenhang zwischen thermischem und exergetischem Wirkungsgrad plausibel aufzuzeigen, erweitert man die rechte Seite der obenstehenden Berechnungsgleichung für η zweckmäßig mit dem Glied Δe_{RG}, d. h. mit der genutzten Rauchgasexergie. Man erhält dann

$$\eta = \eta_{\mathrm{th}} \cdot \frac{\Delta i_{RG}}{\Delta e_{RG}} \cdot \frac{\Delta e_{RG}}{l_{\max_0}} .$$

Mit Einführung der Definitionsgleichung für die Exergie

$$e = i - T_0 \cdot s$$

läßt sich der zweite Faktor der rechten Seite auch auf die Form bringen

$$\frac{\Delta i_{RG}}{\Delta e_{RG}} = \frac{\Delta i_{RG}}{\Delta i_{RG} - T_0\, \Delta s_{RG}} = \frac{\dfrac{\Delta i_{RG}}{\Delta s_{RG}}}{\dfrac{\Delta i_{RG}}{\Delta s_{RG}} - T_0} ,$$

wofür man schließlich mit Einführung der mittleren Rauchgastemperatur $T_{m,RG}$ auch einfacher schreiben kann

$$\frac{\Delta i_{RG}}{\Delta e_{RG}} = \frac{T_{m,RG}}{T_{m,RG} - T_0} .$$

Beachtet man nun noch, daß

$$\frac{\Delta e_{RG}}{l_{\max_0}} = \eta_F$$

gesetzt werden kann, d. h. gleich dem exergetischen Wirkungsgrad der Feuerungsanlage, so ergibt sich schließlich für den Wirkungsgrad der gesamten Wärmekraftanlage der endgültige Ausdruck

$$\boxed{\eta = \eta_{\mathrm{th}} \frac{1}{\dfrac{T_{m,RG} - T_0}{T_{m,RG}}} \cdot \eta_F}$$

Diese Gleichung läßt eine einfache physikalische Auslegung zu, wenn man beachtet, daß das darin auftretende Temperaturverhältnis nichts anderes darstellt als den mittleren CARNOT-Faktor, mit dem die durch die Rauchgase bereitgestellte fühlbare Wärme exergetisch genutzt werden könnte. Das Produkt

$$\eta_{\mathrm{th}} \cdot \frac{1}{\dfrac{T_{m,RG} - T_0}{T_{m,RG}}}$$

gibt dann den Anteil dieser Arbeitsfähigkeit an, der als Nutzarbeit tatsächlich zur Verfügung steht. Demgegenüber kennzeichnet η_F denjenigen Anteil der maximalen Brennstoffarbeit, der in den Rauchgasen nach vollzogener Verbrennung praktisch genutzt wird.

Bei vollkommener Reversibilität aller Teilvorgänge muß definitionsgemäß $\eta = 1$ sein. Das setzt voraus, daß

$$1.\ \eta_{\text{th}} \cdot \frac{1}{\frac{T_{m,RG} - T_0}{T_{m,RG}}} = 1 \text{ d. h. } \eta_{\text{th}} = \frac{T_{m,RG} - T_0}{T_{m,RG}} \text{ und}$$

$$2.\ \eta_F = 1 \text{ ist;}$$

oder in Worten: Der Kreisprozeß des Arbeitsmittels muß als reversibler CARNOT-Prozeß zwischen den Grenztemperaturen $T_{m,RG}$ und T_0 ablaufen und die Wärmebereitstellung durch die Verbrennung muß so erfolgen, daß sich die maximale Reaktionsarbeit des Brennstoffes verlustlos in den Rauchgasen wiederfindet.

Zahlenmäßig unterscheidet sich der exergetische Gesamtwirkungsgrad nur unbedeutend vom thermischen Gesamt-Wirkungsgrad. Das liegt daran, daß die abgegebene Arbeit in die beiden Wirkungsgraddefinitionen mit dem gleichen Wert eingeht und die maximale Arbeit der normalerweise eingesetzten Brennstoffe nur etwa 2 v. H. unter deren oberem Heizwert liegt. Die aus der kalorischen Behandlung gewonnenen Zahlenwerte sind also etwa die gleichen wie diejenigen, die die exergetische Untersuchung liefert. Diese Tatsache führt nun oft zu dem Schluß, daß die exergetische Darstellung der Zusammenhänge keine neuen Erkenntnisse bringe. Eine solche Ansicht besteht insofern zu recht, als sie davon ausgeht, daß eine vom kalorischen Standpunkt aus als gut oder schlecht befundene Anlage durch die Änderung der Betrachtungsweise allein nicht besser oder schlechter wird. Voraussetzung dafür ist jedoch, daß die gewählte Untersuchungsmethode physikalisch genügend umfassend ist. Dieses Prädikat kann allerdings dem kalorischen Verfahren nicht ohne weiteres ausgestellt werden, da es die Aussagen des zweiten Hauptsatzes nicht konsequent verarbeitet. Stimmen also thermischer und exergetischer Wirkungsgrad überein, so ist dieses Ergebnis rein zufälliger Natur; im hier vorliegenden Falle z. B. dadurch entstanden, daß Heizwert und die aus der chemischen Energie des Brennstoffes gewinnbare Arbeit zahlenmäßig nahezu übereinstimmen. Wäre dies nicht so, dann unterschieden sich die Ergebnisse nicht nur qualitativ, sondern auch quantitativ. Die Unterschiede zwischen kalorischer und exergetischer Bewertung werden insbesondere dann offenbar, wenn die Anlage vollkommen verlustlos arbeitet, d. h. wenn beim Wärmeaustausch und der Verbrennung keine Irreversibilitäten auftreten. Der exergetische Wirkungsgrad liefert in diesem Fall den Wert eins, während der thermische Wirkungsgrad nach wie vor $\eta_{\text{th}} < 1$ ergibt. Dieses Ergebnis ist dadurch begründet, daß bei der kalorischen Betrachtungsweise nur der rein mengenmäßige Verlust an Energie, aber nicht die Entwertung der Energie in die Rechnung eingeht, wie sie sich z. B. infolge der Verbrennung und Wärmeübertragung in jedem Falle einstellt. Wenn trotzdem auch bei der kalorischen Betrachtungswiese von beträchtlichen Verlusten bei der Energieumformung von Wärme in Arbeit gesprochen wird, so sind damit im wesentlichen die Abwärmeverluste gemeint. Infolge der niedrigen Temperaturen, bei denen die Abwärme im allgemeinen anfällt, sind diese Verluste im thermodynamischen Sinn bedeutungslos gegenüber den echten thermodynamischen Verlusten, die sowohl bei der Verbrennung wie auch bei der Wärmeübertragung in jeder Dampfkraftanlage auftreten und die ausschließlich durch Exergie-Bilanzen zahlenmäßig erfaßt werden können.

8. Literatur

[1] Carnot, N.-L.-S., Betrachtungen über die bewegende Kraft des Feuers und die zur Entwicklung dieser Kraft geeigneten Maschinen. Ostwalds Klassiker der exakten Wissenschaften Nr. 37. W. Engelmann, Leipzig 1892.
[2] Marx, G., Arbeitsprozesse der Brennkraftmaschinen. Die Technik **2** (1947) H. 1.
[3] Plank, R., Handbuch der Kältetechnik Band 2: Thermodynamische Grundlagen. Springer-Verlag, Berlin 1953.
[4] Jante, A., Über Verbrennungsmotoren und Kraftfahrwesen. VEB Verlag Technik, Berlin 1956.
[5] Schnauffer, K., Die Erfindung Rudolf Diesels — Triumph einer Theorie. ZVDI **100** (1958) 308/320.
[6] Doležal, R., Hochdruck-Heißdampf. Vulkan-Verlag, Dr. W. Classen, Essen.
[7] Fratzscher, W., Die Einführung des Exergiebegriffes in die Technische Thermodynamik. Dissertation TH Dresden 1959.
[8] Elsner, N. und Köhler, K., Beurteilung des Dampfkraftprozesses mit Hilfe der Kreisprozeßcharakteristik. Wissenschaftl. Zeitschrift der Hochschule für Verkehrswesen **7** (1959/60) H. 1, S. 143/153.

Bei Fragen zur Produktsicherheit wenden Sie sich bitte an:
If you have any questions regarding product safety,
please contact:

Walter de Gruyter GmbH
Genthiner Straße 13
10785 Berlin
productsafety@degruyterbrill.com